Zeitschrift für Betriebswirtschaft

Special Issue 6/2007

Empirische Studien zum Management in mittelständischen Unternehmen

ZfB-Special Issues

4/2004 Strategische Anreizsetzung im Unternehmen
Herausgeber: Günter Fandel/Peter J. Jost
120 Seiten. ISBN 3 409 14280 0

1/2005 Revenue Management
Herausgeber: Günter Fandel/Hans Botho von Portatius
136 Seiten. ISBN 3 8439 0050 8

2/2005 Perspektiven der Kommunikationspolitik
Herausgeber: Manfred Krafft
128 Seiten. ISBN 3 8349 0108 3

3/2005 Reverse Logistics I
Herausgeber: Günter Fandel/Joachim Reese
128 Seiten. ISBN 3 8349 0109 1

4/2005 Reverse Logistics II
Herausgeber: Günter Fandel/Joachim Reese
112 Seiten. ISBN 3 8349 0134 2

5/2005 Unternehmensethik und Unternehmenspraxis
Herausgeber: Horst Albach
132 Seiten. ISBN 3 8349 0228 4

1/2006 Unternehmensethik und globale Märkte
Herausgeber: Horst Albach
116 Seiten. ISBN 3 8349 0239 X

2/2006 E-Learning Geschäftsmodelle und Einsatzkonzepte
Herausgeber: Michael H. Breitner/Günter Fandel
136 Seiten. ISBN 3 8349 0249 7

3/2006 Herausforderung Ostasien
Herausgeber: Werner Pascha
144 Seiten. ISBN 3 8349 0315 9

4/2006 Entrepreneurship
Herausgeber: Thomas Ehrmann/Peter Witt
195 Seiten. ISBN 3 8349 0363 9

5/2006 Governance Innovations and Strategies
Herausgeber: Oliver Fabel/Egon Franck
176 Seiten. ISBN 3 8349 0426 3

6/2006 Rechnungslegung nach internationalen Grundsätzen
Herausgeber: Norbert Krawitz
180 Seiten. ISBN 3 8349 0425 6

1/2007 Der Ehrbare Kaufmann: Modernes Leitbild für Unternehmer?
Herausgeber: Joachim Schwalbach/Günter Fandel
140 Seiten. ISBN 3 8349 0659 X

2/2007 Innovation, Orientation, Innovativeness and Innovation Success
Herausgeber: Holger Ernst/Hans Georg Gemünden
156 Seiten. ISBN 3 8349 0698 0

3/2007 Direct Marketing
Herausgeber: Manfred Krafft/Jürgen Gerdes
192 Seiten. ISBN 3 8349 0728 6

4/2007 Open Innovation between and within Organizations
Herausgeber: Holger Ernst/Hans Georg Gemünden
140 Seiten. ISBN 3 8349 0731 6

5/2007 Hochschulrechnung und Hochschulcontrolling
Herausgeber: Hans-Ulrich Küpper
188 Seiten. ISBN 3 8349 0778 2

Empirische Studien zum Management in mittelständischen Unternehmen

Herausgeber

Prof. Dr. Dr. h.c. mult. Horst Albach

Prof. Dr. Peter Letmathe

GABLER

Die Deutsche Bibliothek – CIP-Einheitsaufnahme

Zeitschrift für Betriebswirtschaft : ZfB. – Wiesbaden :
Betriebswirtschaftlicher Verl. Gabler
Erscheint monatl. – Aufnahme nach Jg. 67, H. 3 (1997)
Reihe Ergänzungsheft: Zeitschrift für Betriebswirtschaft /
Ergänzungsheft. Fortlaufende Beil.: Betriebswirtschaftliches
Repetitorium. – Danach bis 1979: ZfB-Repetitorium
ISSN 0044-2372
2007, Special Issue 6. Empirische Studien zum Management in mittelständischen Unternehmen
Herausgeber: Horst Albach, Peter Letmathe – Wiesbaden: Gabler, 2007
(Zeitschrift für Betriebswirtschaft; 2007, Special Issue 6)
ISBN 3-8349-0799-5
ISBN 978-3-8349-0799-8

Betriebswirtschaftlicher Verlag Dr. Th. Gabler GmbH, Wiesbaden 2007
Lektorat: Susanne Kramer/Annelie Meisenheimer

Der Gabler Verlag ist ein Unternehmen von Springer Science+Business Media.

http://www.gabler.de
http://www.zfb-online.de

Satz: Fotosatz-Service Köhler GmbH, Würzburg
Printed in Germany

ISBN 3-8349-0799-5
ISBN 978-3-8349-0799-8

Inhalt

Zeitschrift für Betriebswirtschaft, Special Issue 6/2007

Editorial

Seit einigen Jahren wendet sich die betriebswirtschaftliche Forschung der Frage zu, ob und in welchem Ausmaß größenbedingte Unterschiede eine Rolle für das Management von mittelständischen Unternehmen spielen. Bezugspunkte der Forschung sind die Wahl und der Einsatz von Managementinstrumenten, die Interaktion mittelständischer Unternehmen mit ihren Anspruchsgruppen sowie die Ausprägungen und Konsequenzen ressourcenbedingter Unterschiede. Gleichzeitig verbindet sich damit die Frage, wie die Größenunterschiede und deren Auswirkungen theoretisch fundiert erklärt und empirisch überprüft werden können. Dabei finden sich immer wieder Aussagen in der betriebswirtschaftlichen Literatur, die eher einen anekdotischen Charakter aufweisen und häufig lediglich vorhandene Vorurteile über mittelständische Unternehmen bestätigen.

Das vorliegende Special Issue der Zeitschrift für Betriebswirtschaft trägt dazu bei, diese Lücke zwischen fundierter empirischer Erkenntnis und den daraus resultierenden Implikationen für die Entwicklung von Theorien zum Management mittelständischer Unternehmen zu schließen. Die fünf Beiträge fassen jeweils den Stand der theoretischen Diskussion zusammen und führen darauf aufbauend eine fundierte empirische Überprüfung des von ihnen betrachteten Sachverhalts durch. Einerseits geben die Beiträge damit wichtige Hinweise für die weitere betriebswirtschaftliche Forschung in diesem Bereich. Andererseits sind sie von hoher praktischer Relevanz, und aus ihren Ergebnissen lassen sich teilweise unmittelbar Empfehlungen für das Management mittelständischer Unternehmen ableiten.

Management in mittelständischen Unternehmensnetzwerken

Stadlbauer, Wilde und Hess untersuchen, welche Managementinstrumente in mittelständischen Unternehmensnetzwerken eingesetzt werden und welche Implikationen sich daraus ergeben. Nach Betrachtung der einschlägigen Theorien zum Netzwerkmanagement und zum Netzwerkerfolg entwickeln sie ein Modell, durch das sich der Erfolg mittelständischer Netzwerke anhand des Einsatzes verschiedener Managementinstrumente erklären lässt. Auf der instrumentellen Ebene betrachten sie dabei das Auftragsmanagement, das Erfolgsmanagement und das Partnermanagement. Den Netzwerkerfolg messen sie anhand der erzielten Kosten-, Verbund- und Kompetenzeffekte. Mithilfe von Daten aus 44 Unternehmensnetzwerken unterschiedlicher Größen, Branchen und Steuerungsformen führen sie Regressionsanalysen durch, die einerseits den Umfang des Instrumenteneinsatzes verdeutlichen und andererseits den Beitrag des Netzwerkmanagements zum Netzwerkerfolg näher beleuchten. Sie können zeigen, dass Instrumente des Netzwerkmanagements – und dies gilt im besonderen Maße für das Erfolgsmanagement – signifikant zum Netzwerkerfolg beitragen. Für die weiteren untersuchten Instrumente gilt dies nur für einzelne Bereiche. Grundsätzlich bestätigt der Beitrag damit die aus Fallstudien gewonnenen Ergebnisse, stellt diese aber auf eine breitere Basis und präzisiert diese durch die in der Zusammenhanganalyse gewonnenen Erkenntnisse.

Anreizstrukturen im Mittelstand

Empirische Studien in der Vergangenheit haben gezeigt, dass das durchschnittliche Entgelt der abhängig Beschäftigten in größeren Unternehmen höher ist als in kleinen und mittleren Unternehmen. Dies ließe sich entsprechend der gängigen ökonomischen Theorien nur erklären, wenn die Mitarbeiter in kleinen und mittleren Unternehmen entweder geringer qualifiziert sind und damit auch ihr Marktwert niedriger ist oder wenn das geringere Entgelt durch anderweitige Anreize kompensiert wird. Diese Anreize können immaterieller Natur sein, z.B. durch tätigkeitsbezogene Anreize, die zu einer höheren Arbeitszufriedenheit führen, oder durch soziale Anreize gegeben sein, die in einer höheren Qualität der sozialen Beziehungen am Arbeitsplatz liegen. Der Beitrag von Behrends geht zunächst auf die theoretische Fundierung der Kompensationsthese ein und führt anschließend eine empirische Überprüfung zur größenabhängigen Beschaffenheit betrieblicher Anreizstrukturen und ihrer Wirkung auf die Arbeitszufriedenheit durch. Die Studie basiert auf den Aussagen von 598 höher qualifizierten Arbeitnehmern, sowohl aus kleinen und mittleren Unternehmen als auch aus Großunternehmen. Strukturelle Defizite bei der Beschaffenheit materieller Anreize in kleinen und mittleren Unternehmen können dabei durch die Studie bestätigt werden. Dies führt zwar zu einer etwas geringeren Arbeitszufriedenheit, hat jedoch keine negativen Auswirkungen auf die emotionale Verbundenheit der Beschäftigten zu den Unternehmen. Allerdings findet Behrends auch keine Bestätigung für die besondere Gewährung tätigkeitsbezogener und/oder sozialer Anreize in kleinen und mittleren Unternehmen. Damit kommt er zu dem Ergebnis, dass die Kompensationsthese in seiner Studie so nicht bestätigt werden kann. Behrends sieht dagegen Hinweise, dass eine alternative Äquivalenzthese unterstützt wird, bei der kleine und mittlere Unternehmen ihre personalwirtschaftlichen Handlungsvoraussetzungen nutzen und über vergleichweise persönliche Arbeitsumgebungen und sozialintegrative Koordinationsmechanismen attraktive Beschäftigungsverhältnisse anbieten können.

Einflussfaktoren des Vertrauensaufbaus bei der Beratung kleiner und mittlerer Unternehmen

Der Beitrag von Enke, Greschuchna und Geigenmüller untersucht die Interaktionsbeziehungen zwischen kleinen und mittleren Unternehmen und Unternehmensberatern. Ausgangspunkt des Beitrags bildet die Aussage, dass kleine und mittlere Unternehmen Beratungsleistungen eher selten in Anspruch nehmen, was insbesondere bei der zunehmenden Komplexität vieler Märkte erstaunlich ist. Als mögliche Ursache sehen die Autorinnen einen Mangel an Vertrauen in die Beratungsunternehmen. Da bisher zu dieser Thematik keine wissenschaftlichen Erkenntnisse vorliegen (eine einfache Erklärung ist natürlich, dass die Berater zu teuer sind), erfolgt zunächst eine theoretische Erörterung, die insbesondere auf das interpersonale und organisationale Vertrauen bei der Auswahl von Beratungsunternehmen abhebt. Dabei spielt der Prozess des Aufbaus von Vertrauen eine wichtige Rolle. Enke et al. beziehen sich dabei auf das Modell von Zucker, der zwischen dem eigenschaftsbasierten Vertrauen, dem prozessbasierten Vertrauen und dem institutionsbasierten Vertrauen unterscheidet. Daraus abgeleitet entwickeln die Autorinnen ein Strukturgleichungsmodell, das folgende Punkte einbezieht:

- Reputation des Beratungsunternehmens,
- KMU-orientierte Öffentlichkeitsarbeit,
- KMU-spezifisches Leistungsspektrum,
- räumliche Nähe der Unternehmen,
- Vermittlung durch Intermediäre,
- Mitgliedschaft in Verbänden,
- Vertrauen in einen Berater und
- Auswirkung des organisationalen Vertrauens auf die Projektberatung.

Als Datengrundlage werden 261 Datensätze einbezogen. Als wichtigste Einflussfaktoren für das Vertrauen in das Beratungsunternehmen und die daraus resultierende Projektbeauftragung ergeben sich in der Untersuchung das Vertrauen in den Berater, die KMU-orientierte Öffentlichkeitsarbeit sowie die Reputation des Beratungsunternehmens. Auch ein KMU-spezifisches Leistungsspektrum hat eine hohe Bedeutung. Abschließend werden die Ergebnisse in ihren theoretischen Kontext eingeordnet und Folgerungen für die betriebliche Praxis abgeleitet. Insbesondere im dynamischen Kontext wird noch ein erheblicher Forschungsbedarf konstatiert.

Arbeitsbedingungen in KMU und ihr Einfluss auf die Neigung zur Selbstständigkeit

Ein wichtiges Thema der Gründungsforschung ist die Motivation von potenziellen Unternehmensgründern, von einer abhängigen Beschäftigung in die berufliche Selbstständigkeit zu wechseln. Hierbei spielen insbesondere die gegebenen Rahmenbedingungen, wie Zugang zu Startkapital und Verwertung des Humankapitals, eine wichtige Rolle. Andererseits kann die Gründungsneigung abhängig Beschäftigter dadurch nur teilweise erklärt werden. Diese Lücke versuchen Werner und Moog zu schließen, indem sie ausgehend von humankapitaltheoretischen Überlegungen analysieren, welche spezifischen Arbeitsbedingungen einen Wechsel abhängig Beschäftigter in die Selbstständigkeit begünstigen und inwieweit bei den spezifischen Arbeitsbedingungen größenbedingte Unterschiede existieren. Nach eingehenden theoretischen Überlegungen, die auch einen Literaturüberblick zum Einfluss des Humankapitals auf die Gründungsentscheidung sowie weitere Einflussfaktoren einschließen, leiten die Autoren aus der Humankapitaltheorie von Wecker die für ihre Untersuchung wesentlichen Hypothesen ab. Einerseits wird ein positiver Zusammenhang zwischen der Investition in Humankapital durch ein Individuum und der Gründungsneigung angenommen. Andererseits wird unterstellt, dass in kleinen und mittleren Unternehmen eher Arbeitsbedingungen gegeben sind, die die Gründungsneigung erhöhen. Daraus abgeleitet ergeben sich weitere unterstellte Zusammenhänge, die in die Untersuchung einfließen. Werner und Moog kommen dabei zum Ergebnis, dass die Arbeitsbedingungen und weniger die Unternehmensgröße per se einen signifikanten Einfluss auf die Gründungsneigung abhängig Beschäftigter haben. Insbesondere spielen Faktoren, die die Arbeitszufriedenheit betreffen (wenig abwechslungsreiche Tätigkeiten, Auskommen mit Kollegen und Vorgesetzten), sowie die künftige Erfolgserwartung von Beschäftigten im Unternehmen eine wichtige Rolle.

Bedarfsgerechtes externes Wissensmanagement als Beitrag zur Steigerung der Effizienz der Auslandsentsendungen von KMU

Der Exportanteil von kleineren Unternehmen im produzierenden Gewerbe ist nach wie vor deutlich niedriger als bei Unternehmen mit über 500 Beschäftigten. Ein wesentlicher Grund hierfür liegt in den mangelnden personellen Ressourcen und auch in den Wissensdefiziten über die verschiedenen Ländermärkte. Daher erscheint es nur folgerichtig, wenn ein Firmen übergreifendes Wissensmanagement dazu beiträgt, diese Wissensdefizite zu verringern und zugleich die interkulturelle Kompetenz zu fördern. Der Beitrag von Hoffmann und Müller führt hierzu eine theoretisch fundierte Analyse durch und beleuchtet die spezifischen Anforderungen von kleinen und mittleren Unternehmen an ein derartiges Wissensmanagement mithilfe einer Befragung, an der sich knapp 400 Unternehmen beteiligt haben. Das Wissensmanagement sollte dabei die individuelle Ebene, wie die interkulturelle Kompetenz, die sich aus psychografischen Variablen und bedarfsgerechtem Wissen zusammensetzt, und die institutionelle Ebene umfassen. Dabei reichen allgemeine Aussagen keineswegs aus, sondern die Wissensbasis muss die spezifischen Merkmale bereits bearbeiteter bzw. zukünftiger Zielmärkte sachgerecht einbeziehen. Auf der individuellen Ebene benötigen Mitarbeiter, die ins Ausland entsendet werden sollen, insbesondere Wissen über die Themenfelder Arbeitswelt (Verhandlungstechniken, Vertragsgestaltung, Projektmanagement), die Kommunikationsgepflogenheiten (Blickkontakt, Small Talk und Konversation, Mimik und Gestik), kulturelle Besonderheiten (Normen, Werte, Tabus, Höflichkeitsrituale und geschlechtsspezifische Verhaltensweisen), Geschäftsusancen (Begrüßung und formelle Anrede, Entscheidungsprozesse, Beziehungspflege und Visitenkarten) und Zeitmanagement (Verbindlichkeit von Zusagen, Zahlungsmoral, Pünktlichkeit). Weitere wichtige Bereiche ergeben sich durch Fakten und Hintergründe, z.B. zur Wirtschaftsordnung und Sicherheitslage, Hinweise zu Krankenversicherungen und zur Gesundheitsversorgung sowie allgemeine Informationen zu Land und Leuten. Ein entsprechendes Coaching kann die Erfolgswahrscheinlichkeit von Auslandsentsendungen massiv erhöhen. Auf der institutionellen Ebene arbeiten Hoffmann und Müller anhand der durchgeführten Hypothesentests wesentliche Kriterien für die Wahl der Zielländer, die Lösung von auftretenden Problemen bei Auslandsentsendungen und zur Erfassung der für die weiteren Internationalisierungsbestrebungen notwendigen Informationen heraus.

Wir wünschen sowohl den Lesern aus der Praxis als auch aus der Wissenschaft eine interessante Lektüre der Artikel. Den Autoren, den Gutachtern und den Diskutanten der Siegener Mittelstandstagung, auf der alle hier enthaltenen Beiträge vorgetragen wurden, danken wir sehr herzlich für die sehr gute Zusammenarbeit.

Prof. Dr. Dr. h.c. mult. Horst Albach
Prof. Dr. Peter Letmathe

Management in mittelständischen Unternehmensnetzwerken – eine empirische Untersuchung

Von Florian Stadlbauer, Thomas Wilde und Thomas Hess

Überblick

- Mittelständische Unternehmen agieren häufig in Unternehmensnetzwerken. Da umstritten ist, ob sich Netzwerke überhaupt steuern lassen, untersucht der vorliegende Beitrag, welche Managementinstrumente in mittelständischen Netzwerken eingesetzt werden und welche Wirkung diese Instrumente entfalten.
- Diese Frage wird aus einem quantitativ-empirischen Blickwinkel bearbeitet, indem der Einsatz von Managementinstrumenten und die Zielerreichung in mittelständisch geprägten Unternehmensnetzwerken untersucht und der Zusammenhang zwischen diesen Konstrukten regressionsanalytisch beleuchtet wird.
- Es konnte gezeigt werden, dass insbesondere Instrumente des Erfolgs- und Auftragsmanagements umgesetzt werden. Die Netzwerke messen eher weicheren Zielen wie bspw. Erfahrungs- und Wissensaustausch eine hohe Priorität bei und erreichen diese überwiegend auch. Während Instrumente des Erfolgsmanagements generell in vielen Bereichen zur Zielerreichung beitragen, ist der Erfolgsbeitrag der ansonsten untersuchten Instrumente nur bei einzelnen Zielen nachweisbar.

Dipl.-Kfm. Florian Stadlbauer, MBR, Wiss. Mitarbeiter am Institut für Wirtschaftsinformatik und Neue Medien, Ludwig-Maximilians-Universität München, E-mail: fstadlbauer@deck13.com
Dipl.-Kfm. Thomas Wilde, MBR, Wiss. Mitarbeiter am Institut für Wirtschaftsinformatik und Neue Medien, Ludwig-Maximilians-Universität München, E-mail: wilde@bwl.uni-muenchen.de
Prof. Dr. Thomas Hess, Leiter des Instituts für Wirtschaftsinformatik und Neue Medien, Ludwig-Maximilians-Universität München, E-mail: thess@bwl.uni-muenchen.de

ZfB
ZEITSCHRIFT FÜR BETRIEBSWIRTSCHAFT

A. Einleitung

Das klassische Bild eines mittelständischen Unternehmens hat sich in den letzten Dekaden spürbar verändert. Ehemals allein agierende Mittelständler finden sich zunehmend in unternehmensübergreifenden Wertschöpfungsprozessen wieder. Empirische Studien illustrieren vielfach die wirtschaftliche Bedeutung derartiger Kooperationen für den Mittelstand. Demnach sind über 80% der mittelständischen Unternehmen von einer Verbesserung ihrer Wettbewerbsposition durch eine Kooperation überzeugt (vgl. DG Bank, 2000). Ebenfalls hat sich gezeigt, dass über 90% der Mittelständler bereits erste Kooperationsbeziehungen pflegen und 40% diese Beziehungen intensiv nutzen (vgl. ECEII, 2000, S. 14). Für den Mittelstand gewinnt dabei die Bildung langfristiger Kooperationen in Form so genannter Unternehmensnetzwerke verstärkt an Bedeutung (vgl. Dibbern, 2002, S. 3–5).

Bei der Bildung dieser Netzwerke haben die daran beteiligten Unternehmen unter anderem auch über deren Ausgestaltung und somit auch über die zu wählenden Managementinstrumente zu entscheiden. Ein Blick in die Literatur deckt allerdings zwei prinzipiell unterschiedliche Sichtweisen auf das Netzwerkmanagement auf. So beschäftigt sich ein Teil der Netzwerkforschung bereits seit längerer Zeit intensiv mit der Entwicklung netzwerkspezifischer Managementinstrumente sowie mit der Anpassung von Instrumenten „klassischer" Unternehmen an die Besonderheiten von Netzwerken (vgl. z. B. Sydow, 2003a, Madhavan et al., 1999). Entgegen dieser Arbeiten zweifelt ein Teil der Netzwerkbeiträge prinzipiell an der Möglichkeit des Netzwerkmanagements (vgl. etwa Scherm/Süß, 2000, S. 461) oder verweist auf einen für die Netzwerksteuerung unverzichtbaren fokalen Partner, der mit weisungsähnlichen Gestaltungskompetenzen auszustatten ist (vgl. etwa Zundel, 1999). Vor dem Hintergrund dieser Diskussion stellt sich die Frage nach der Bedeutung des Netzwerkmanagements in der Praxis des deutschen Mittelstands, wie es umgesetzt ist und insbesondere welche Auswirkungen es auf den Erfolg hat. Hierzu liegen bisher kaum Erkenntnisse vor.

Unternehmensnetzwerke werden bereits seit über 20 Jahren empirisch untersucht, wobei primär mit Fallstudien gearbeitet wird (stellvertretend z. B. Alt et al., 2005, S. 11–13; Boddy/Gunson, 1995, S. 10–241 oder Beardsworth et al., 1988). Meist beschränken sich die Ausführungen zum Netzwerkmanagement auf eine deskriptive Beschreibung angetroffener Instrumente. Im Hinblick auf die wenigen großzahligen Erhebungen zu Unternehmensnetzwerken zeigt sich ein ähnliches Bild. So stellt die Untersuchung der eingesetzten Managementinstrumente und deren Wirkungen typischerweise keinen wesentlichen Bestandteil dieser Erhebungen dar (vgl. etwa Schöne, 2002 oder Rautenstrauch, 2002). Aus dieser Forschungslücke rekrutiert sich die Zielsetzung des vorliegenden Beitrags: Es soll quantitativ-empirisch untersucht werden, welche Managementinstrumente in mittelständischen Netzwerken eingesetzt werden, wie erfolgreich die Netzwerke arbeiten und welchen Einfluss der Instrumenteinsatz auf den Netzwerkerfolg hat.

Hierfür wurde im Jahr 2005 eine großzahlige Studie durchgeführt, deren Ergebnisse im vorliegenden Beitrag vorgestellt werden. In Abschnitt B werden Erkenntnisse zu Netzwerkmanagement und Netzwerkerfolg vorgestellt und für die folgende Analyse aufbereitet. Darauf aufbauend wird in Abschnitt C das Design der Studie entwickelt und in Aschnitt D die Analyse durchgeführt. Mit einem Fazit in Abschnitt E schließt der Beitrag.

B. Grundlagen

I. Netzwerkmanagement

Wir verstehen Unternehmensnetzwerke als eine spezielle, äußerst komplexe Form der zwischenbetrieblichen Kooperation (Sydow, 2003b, S. 3; Powell, 1990; Grandori, 1999, S. 6–9). Sie zeichnet sich im Detail durch die rechtliche und wirtschaftliche Unabhängigkeit sowie die langfristige Zusammenarbeit einer Vielzahl beteiligter Unternehmen aus, die mittels Funktionsabstimmung das Ziel der Erstellung einer marktlich verwertbaren Leistung verfolgen (vgl. Jarillo, 1988, S. 32). Aus diesem Grund lässt sich bei Unternehmensnetzwerken zwischen einer beziehungs- bzw. auftragsübergreifenden Ebene (auf der etwa die Konfiguration des Netzwerks angesiedelt ist) und einer leistungs- bzw. auftragsbezogenen Ebene (auf der die gemeinschaftliche Realisierung der Leistungserstellung erfolgt) unterscheiden (vgl. Stengel, 1999, S. 175–176).

Die Aufgaben des Managements der auftragsübergreifenden Ebene liegen im Kern in der effektiven Gestaltung der Netzwerkstruktur (vgl. Casciaro, 2003). Folglich betrifft es vorwiegend langfristige und grundsätzliche Aspekte des Netzwerks von denen typischerweise sämtliche Netzwerkpartner betroffen sind. Drei Bezugspunkte dienen der Systematisierung von Managementinstrumenten auf auftragsübergreifender Ebene (ähnlich Sydow, 2003c, S. 310–320): Den ersten Bezugspunkt bilden die Partner als konstituierendes Merkmal und wesentlicher Erfolgsfaktor des Netzwerks, wobei diesbezügliche Managementaufgaben im Partnermanagement zusammengefasst sind (vgl. Schräder, 1996, S. 75–77). Den zweiten Bezugspunkt bilden auftragsübergreifende Aktionen, wie etwa in Form eines gemeinsamen Marketings im Netzwerk. Aufgrund der losen Strukturen und fehlenden Poolung von Ressourcen bedarf es eines speziellen Aktionsmanagements in Netzwerken, etwa zur Einigung auf kollektive Investitionen (vgl. z. B. Hirnle, 2005, S. 60–61 oder Subramani/Venkatraman, 2003, S. 46). Schließlich stellt der Netzwerkerfolg den letzten Bezugspunkt dar. Dessen Ermittlung ergibt sich zwangsläufig aus den ersten beiden Bezugspunkten, da sowohl die passende Partnerwahl als auch die Durchführung gemeinsamer Aktionen unmittelbar von den bisher erreichten Netzwerkzielen und der damit verbunden übergeordneten Netzwerkstrategie abhängig ist (Raupp, 2002, S. 335–336). Das Management auf auftragsbezogener Ebene zielt im Kern auf die Koordination der an einem konkreten Auftrag beteiligten Netzwerkpartner und versucht dabei die jeweilige Leistungserstellung möglichst effizient auszugestalten. Folglich hat das Management auf auftragsbezogener Ebene einen eher kurzfristigen Charakter, da es sich lediglich auf die Dauer der Auftragsbearbeitung bezieht und nur die daran beteiligten Partnerunternehmen betrifft.

II. Netzwerkerfolg

Die an einem Netzwerk beteiligten Unternehmen orientieren sich in ihrem netzwerkbezogenen Handeln naturgemäß an eigenen Unternehmenszielen (vgl. Tröndle, 1987, S. 39). Entsprechend konstituieren sich die Netzwerkziele aus den kooperationsrelevanten Einzelzielen der an einem konkreten Netzwerk beteiligten Unternehmen. Verfolgen die Partner hinsichtlich der Kooperation etwa Liquiditäts- oder Produktionsziele, so sollten sich diese ebenfalls innerhalb der Ziele des Gesamtnetzwerks wieder finden (vgl. Wohlgemuth, 2002, S. 145–146). Entgegen diesem weitgehend einheitlichen Verständnis finden sich in der Literatur unterschiedliche Sichtweisen bezüglich der Messung des Netzwerkerfolgs (vgl. zum folgenden Wohlgemuth, 2002, S. 172–174). Einfachste Ansätze orientieren sich an der Kostenersparnis, die aus der Kollaboration für die einzelnen Partner resultiert. Erweitert wurden diese Überlegungen in zahlungsstromorientierten Ansätzen, in denen der Netzwerkerfolg auf einen langfristigen positiven Zahlungsüberschuss zurückgeführt wird, der sich für jeden Partner aus dessen Ein- und Auszahlungen für die Kooperation ergibt (vgl. Plaßmann, 1974, S. 53–54). Gerade der zweite Ansatz ist grundsätzlich nicht falsch, eignet sich aber nicht für eine empirische Messung des Netzwerkerfolgs in realen Netzwerken.

Aus diesem Grund und um den verschiedenen Ansätzen gerecht zu werden, greift der vorliegende Beitrag auf einen mehrdimensionalen Ansatz zurück, der sich an jenen Effekten orientiert, die durch die Kooperation von Unternehmen ausgelöst oder gefördert werden können. Diese Effekte lassen sich als Kosten-, Kompetenz- und Verbundeffekte in drei Klassen unterteilen (vgl. Picot et al., 2003, S. 122–123; ähnlich Rupprecht-Däullary, 1994, 32–102), die im Folgenden kurz skizziert werden. Unter Kosteneffekte sind sämtliche Resultate der Zusammenarbeit in Netzwerken gefasst, die sich auf monetär messbare Größen zurückführen lassen. So resultieren Kosteneffekte insbesondere aus den sich bei der gemeinsamen Produktion ergebenden Synergieeffekten bzw. durch die Möglichkeiten der verminderten Koordinationskosten im Rahmen einer integrativen Aufgabenerfüllung. Indes lassen sich Kompetenz und Verbundeffekte nur schwer auf monetäre Größen zurückführen. Zu den Kompetenzeffekten zählen Resultate, die sich im Rahmen einer zwischenbetrieblichen Zusammenarbeit hinsichtlich des dabei erfolgenden Wissens- und Erfahrungsaustauschs und damit in Form des Lernens der Netzwerkpartner ergeben (vgl. Rupprecht-Däullary, 1994, S. 81 sowie im Detail Mambrey et al., 2003). Dabei sind fachliche Lerneffekte (lernen „aus der Kooperation“) von Lerneffekten aus neuen Sozial- und Koordinationskompetenzen (lernen, „zu kooperieren“) zu unterscheiden (vgl. Faisst, 1996, S. 14). Schließlich können sich durch die zwischenbetriebliche Zusammenarbeit Verbundeffekte für die Netzwerkpartner einstellen. Diese sind Folge der Synergien, die sich durch das Erreichen einer kritischen Anzahl an Netzwerkteilnehmern ergeben. Typische Beispiele sind die Steigerung des Bekanntheitsgrades oder die Erschließung neuer Märkte, die – zumindest bis zu einem gewissen Grad – mit zunehmender Partneranzahl leichter zu erreichen sind (vgl. Picot et al., 2003, S. 122).

C. Studiendesign

I. Konzeption und Operationalisierung

Ziel der Studie ist es, die Bedeutung des Netzwerkmanagements in der Praxis, dessen Umsetzung und insbesondere dessen Auswirkungen auf den Erfolg zu untersuchen – jeweils fokussiert auf den deutschen Mittelstand. Zur Bearbeitung der ersten beiden Problemfelder wird ein deskriptiver Überblick angestrebt, zum dritten Problemfeld sollen im Rahmen einer explorierenden Zusammenhangsanalyse Thesen zum Erfolgsbeitrag des Netzwerkmanagements in der Praxis gewonnen werden. Daraus ergibt sich ein Untersuchungsdesign aus zwei Messkonstrukten und einer verknüpfenden Zusammenhangsanalyse. Die Konstrukte sind jeweils in einem formativen Messmodell zu operationalisieren, um gleichermaßen für die Zusammenhangsanalyse und die deskriptiven Auswertungen der beiden erstgenannten Problemfelder einsetzbar zu sein. Die Auswertung soll sich auf Boxplots zur Visualisierung der empirischen Verteilungen und auf Regressionsmodelle zur Zusammenhangsanalyse stützen. Die Daten werden mit einem schriftlichen Fragebogen erhoben, der per Fax oder postalisch zurückgesandt werden kann.

Als Basis des Messmodells zum Management von Netzwerken kann die in Abschnitt B.I dargelegte Systematisierung des Netzwerkmanagements in Auftrags-, Erfolgs-, Aktions- und Partnermanagement herangezogen werden. Der Erfolg von Netzwerken lässt sich zur Messung ähnlich strukturieren, indem der Netzwerkerfolg – anknüpfend an den Zielansatz in der betriebswirtschaftlichen Erfolgsforschung – mit der Erreichung netzwerkspezifischer Ziele operationalisiert wird. Anknüpfend an die Ausführungen in Abschnitt B.II ergibt sich hier eine formative Dreiteilung in die Zieldimensionen Kosten-, Verbund- und Kompetenzeffekte.

Die unabhängigen und abhängigen Variablen der Zusammenhangsanalyse lassen sich damit aus den beiden Messmodellen gewinnen. Ergänzend sind mögliche Moderationseffekte in der Konzeption zu berücksichtigen. Hierbei wird vereinfachend angenommen, dass der Erfolgsbeitrag eines Managementinstruments hauptsächlich durch typische Organisationscharakteristika wie die Netzwerkgröße, das Netzwerkalter, die Branchenzugehörigkeit und die Steuerungsform (z. B. dezentral/zentral) moderiert wird. Abbildung 1 fasst die Studienkonzeption zusammen.

Zur weiteren Operationalisierung des Konstrukts „Management mittelständischer Netzwerke" sind Managementinstrumente zu identifizieren, die die vier Dimensionen ausfüllen. Hierfür wird auf die bestehende Literatur zurückgegriffen und die so identifizierten Instrumente begrifflich konsolidiert, eingeordnet und gegebenenfalls für die Studienteilnehmer verständlicher bezeichnet. Auf diese Weise soll ein Instrumentkatalog erstellt werden, der zwar nicht den Anspruch auf Vollständigkeit erhebt, die einzelnen Dimensionen aber mit klar abgegrenzten Instrumenten größtmöglich abdeckt und als Erhebungsinstrument geeignet ist. In der einschlägigen Literatur (vgl. Wohlgemuth, 2002, S. 203, Sydow/

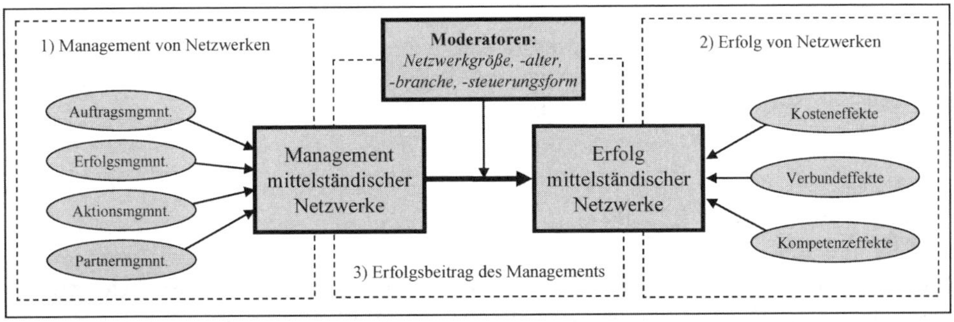

Abb. 1: Studienkonzeption

Windeler, 1994, S. 7–8, Veil/Hess, 1998, S. 24–25, Kemmner/Gillessen, 2000, S. 33–34, 75, Riemer/Klein, 2005, S. 28) sind insgesamt 21 Managementinstrumente genannt. Daraus lässt sich folgender konsolidierter Instrumentkatalog ableiten:

- **Auftragsmanagement**: standardisierte Auftragskalkulationen, interne Ausschreibungen, Auftragsdokumentation, Partnerbewertung, einheitliches Projektmanagement
- **Erfolgsmanagement**: Entwickeln einer Netzwerkstrategie, Bewertung des Netzwerkerfolgs (strategische Kennzahlenbildung) und auftragsbezogene Kennzahlenbildung
- **Aktionsmanagement**: netzwerkspezifische Schulung von Partnern, Unterstützung des Netzwerkmanagements durch Informations- und Kommunikationstechnologien
- **Partnermanagement**: standardisiertes Partnerauswahlverfahren, Konfliktmanagement

Mit entsprechenden Fragebogenitems soll jeweils der Umsetzungsgrad und die dem Instrument beigemessene Priorität erhoben werden. Als Antwortskala für den Umsetzungsgrad wird mit siebenstufigen Likertskalen (von -3, „überhaupt nicht realisiert“ bis +3, „umfassend realisiert“) gearbeitet, um den Studienteilnehmern einerseits die Möglichkeit zu geben, sich als Durchschnitt zu positionieren (Skalenmitte) und andererseits ausreichende Möglichkeiten zur Differenzierung der Antworten zu lassen. Zur Prioritätsmessung sollen die Studienteilnehmer die Instrumente in eine Rangfolge bringen, wobei nur die bedeutendsten fünf Instrumente eingeordnet werden sollen, um den Probanden durch die Rangfolgenbildung nicht kognitiv zu überfordern[1] Da der Instrumentkatalog nicht vollständig ist, wird mit mehreren Items offen nach weiteren Instrumenten und deren Umsetzungsgrad gefragt.

Zur weiteren Operationalisierung des Konstrukts „Erfolg mittelständischer Netzwerke“ sind konkrete Ziele zu identifizieren, anhand derer der Erfolg in den drei Zieldimensionen gemessen werden kann. Anknüpfend an die Vorüberlegungen aus Abschnitt B II und unter Rückgriff auf die die einschlägige Literatur (vgl. Tröndle, 1987, S. 44–49, Wohlgemuth, 2002, S. 185,195, Rupprecht-Däullary, 1994, S. 27–31 und Staudt et al., 1992, S. 115–124) lässt sich folgender Zielkatalog aufstellen:

- **Kosteneffekte:** verbesserte Kapazitätsauslastung, verkürzte Produktionszeiten, Einsparung durch gemeinsame Beschaffung
- **Verbundeffekte:** Erschließung neuer Märkte, Zusätzliche Aufträge, schnellere Innovationsumsetzung, Steigerung des Bekanntheitsgrades
- **Kompetenzeffekte:** Wissens- und Erfahrungsaustausch

Analog zum Vorgehen beim ersten Messmodell wird für die acht beschriebenen Ziele die Zielerreichung und Zielpriorität im Netzwerk abgefragt. Es bestand zudem die Möglichkeit, weitere Ziele und deren Erreichung anzugeben.

II. Durchführung der Erhebung

Vor dem Hintergrund des explorativen Charakters der Studie ist primär die Ziehung einer möglichst heterogenen Stichprobe anzustreben, da aufgrund der unbekannten Grundgesamtheit keine Repräsentativität erreicht werden kann. Es gibt, schon aufgrund verschiedener Abgrenzungen, weder vollständige Verzeichnisse von deutschen Unternehmensnetzwerken noch von deutschen mittelständischen Unternehmen mit Netzwerkbeteiligung. Im vorliegenden Fall ist dies nur bedingt problematisch, da Repräsentativität für eine grundsätzliche (explorative) Untersuchung der in C.1 postulierten Zusammenhänge nicht zwingend erforderlich ist. Zu betonen bleibt, dass die Ergebnisse somit nur sehr eingeschränkt generalisierbar sind.

Die Stichprobenziehung wurde in Anlehnung an die Vorgehensweise bei Bassen et al., 2001 und Scholz, 2000 durch Recherchen in öffentlich zugänglichen Verzeichnissen, Datenbanken und Suchmaschinen durchgeführt. Auf diese Weise wurden 140 Unternehmen identifiziert, an die der Fragebogen versandt wurde.

Die entwickelten Items wurden auf drei DIN A4-Seiten mit jeweils einleitenden Erläuterungen angeordnet, die Moderatoren wurden auf zwei weiteren Seiten geschlossen abgefragt. Der Fragebogen wurde postalisch an die identifizierten 140 Unternehmen versandt. 46 Antworten gingen ein, 45 Fragebögen wurden vollständig ausgefüllt und sind somit gültig. Ein weiterer Fragebogen konnte nicht in die Auswertung aufgenommen werden, da die Netzwerkpartner durchschnittlich mehr als 500 Mitarbeiter beschäftigen und damit gemäß der Definition des Instituts für Mittelstandsforschung nicht mehr dem Mittelstand zuzurechnen sind (vgl. Günterberg/Wolter, 2002, S. 21). Insgesamt konnten damit 44 Netzwerke berücksichtigt werden. Die Rücklaufquote entspricht damit 31,4%.

III. Zusammensetzung der Stichprobe

Wie bereits erläutert kann aufgrund der weitestgehend unbekannten Grundgesamtheit keine repräsentative Stichprobe gezogen werden. Um die postulierten Zusammenhänge dennoch sinnvoll untersuchen zu können, muss die Stichprobe bezüglich der hypothetisierten Moderatoren Netzwerkgröße, -alter, -branche und -steuerungsform möglichst heterogen ausgeprägt sein, was im Folgenden dargelegt wird. Die Stichprobe umfasst zur Hälfte Netzwerke, die zwischen 2001 und 2002 gegründet wurden und damit zum Zeitpunkt der Erhebung 3–4 Jahre alt waren. Die verbleibenden Netzwerke sind etwa gleichmäßig über die Altersklassen 1–2, 5–6 und über 6 Jahre verteilt. Bei den befragten Netzwerken handelt es sich etwa zu gleichen Teilen um produktions-, bau- sowie dienstleistungs- und forschungsorientierte Netzwerke. Etwa die Hälfte der befragten Netzwerke sind große Kooperationen mit 15 oder mehr Partnern, 38% sind mittlerer Größe mit 5–10 Partnerunternehmen. Aus den verbleibenden Kategorien (3–5, 10–15 Partner) haben mit je 7% relativ wenige Netzwerke geantwortet. Ein weiteres Unterscheidungskriterium ist die Steuerungsform des Netzwerks, wobei zwischen Steuerung durch einen zentralen Koordinator bzw. Netzwerkmanager, durch ein Gremium aus ausgewählten Partnerunternehmen oder die Gleichberechtigung aller Partner unterschieden wird. Hier lässt sich feststellen, dass die überwiegende Mehrheit der befragten Netzwerke durch einen Netzwerkkoordinator gesteuert wird (71%). Dem gegenüber ist die Steuerung durch Gremien (15%) oder durch gleichberechtigte Partner (14%) in der Stichprobe nicht sehr weit verbreitet. Abbildung 2 beschreibt die Stichprobe anhand dieser Kriterien grafisch und im Detail. Die vier genannten Aspekte werden als Moderatoren nachfolgend noch einmal aufgegriffen.

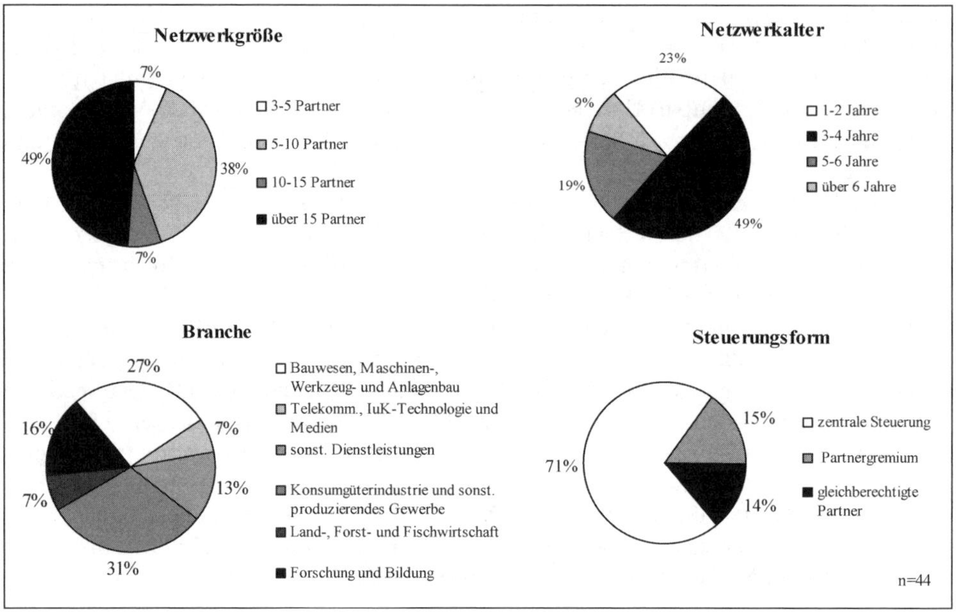

Abb. 2: Zusammensetzung der Stichprobe

Nimmt man an, dass die einzelnen Kriterien auch in der Grundgesamtheit nicht gleich verteilt sind, entsprechen die Häufigkeiten der Kriterienausprägungen den Heterogenitätsanforderungen an die Stichprobe. Systematische Zusammenhänge konnten anhand von Kreuztabellen ausgeschlossen werden, für χ^2-Tests sind zu wenige Ausprägungen pro Kategorie vorhanden.

D. Analyse der Daten

I. Management mittelständischer Unternehmensnetzwerke

Für die auftragsbezogene Ebene wurden keine neuen Instrumente durch die Studienteilnehmer genannt, wir können daher auf den in Abschnitt C.I vorgestellten Instrumentkatalog zurückgreifen. Abbildung 3 zeigt das zugehörige Boxplot[2], wobei sich die vertikale Anordnung der Instrumente nach der durchschnittlich beigemessenen Priorität richtet. Diese wird durch den Median der Prioritätsdaten ermittelt, welcher am rechten Rand des Boxplots jeweils angegeben ist. Bei der Auswertung fällt zunächst die hohe Priorität des Projektmanagements auf, welches von den Netzwerken als wichtigstes Instrument (Median 1,0 bei sechs möglichen Rangplätzen) eingeschätzt wurde. Auftragsdokumentation und Partnerbewertung folgen auf Platz zwei, während den standardisierten Auftragskalkulationen sowie den internen Ausschreibungen aus Sicht der Netzwerke nur eine mittlere Bedeutung zukommt. Es ist festzuhalten, dass kein auftragsbezogenes Instrument von mehr

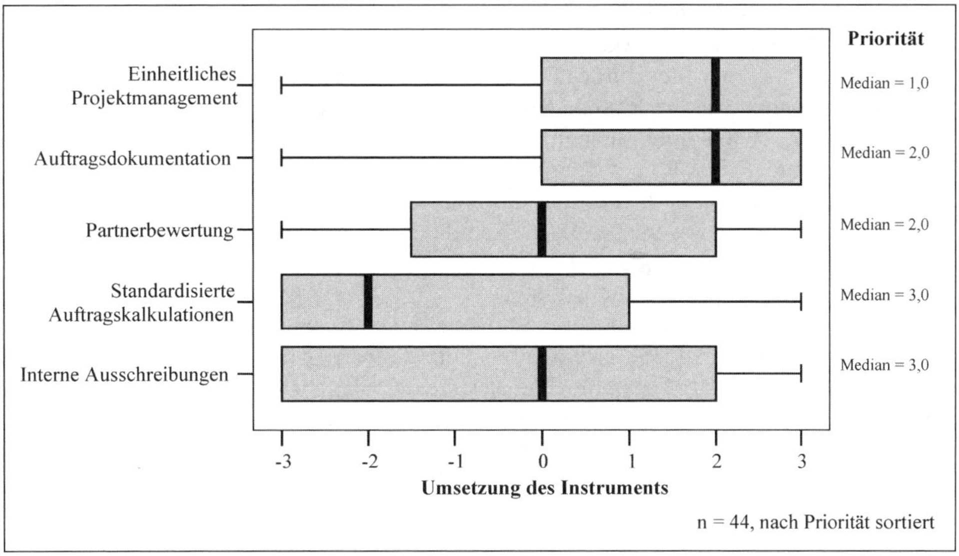

Abb. 3: Umsetzung und Priorität der auftragsbezogenen Managementinstrumente

als 50% der Befragten als unwichtig (untere Rangplätze, Median > 3,0) eingestuft wird. Umgesetzt werden vor allem Projektmanagement und Auftragsdokumentation, Partnerbewertungen und interne Ausschreibungen als eher netzwerkspezifische Instrumente finden sich meist rudimentär implementiert, während die standardisierte Auftragskalkulation selten umgesetzt wird. Hier liegt jedoch eine relativ große Streuung vor, es gibt also durchaus Unternehmen die mit standardisierten Auftragskalkulationen arbeiten.

Nach der separaten Analyse von Priorität und Umsetzung stellt sich die Frage, inwiefern hier ein Zusammenhang besteht. So wäre es positiv zu bewerten, wenn die Netzwerke bedeutende Instrumente eher umsetzen und weniger bedeutende Instrumente eher vernachlässigen, was einen positiven Zusammenhang zwischen den beiden Variablen implizieren würde. Ergibt sich kein Zusammenhang, so ist dies noch nicht zwingend negativ zu werten. Es wäre beispielsweise möglich, dass das Netzwerk unbedeutende Instrumente trotz geringer Priorität etwa aufgrund ihrer Einfachheit umsetzt. Problemfälle liegen lediglich vor, wenn die vom Netzwerk als wichtig eingestuften Instrumente im Netzwerk nicht umgesetzt werden.

Tendenziell stützten die Befunde die Vermutung, dass Instrumente mit hoher Priorität eher umgesetzt werden als Instrumente mit niedriger Priorität. Der Rangkorrelationskoeffizient (Spearman-rho) liegt für die Instrumente „standardisierte Kalkulationen", „interne Ausschreibungen" und „Projektmanagement" zwischen 0.34 und 0.63, signifikant auf dem 5%-Niveau. Hingegen besteht für das Instrument der Partnerbewertung lediglich ein schwacher und für die Auftragsdokumentation kein signifikanter Zusammenhang. Bei der näheren Untersuchung ist festzustellen, dass die Priorität der Partnerbewertung von etwa 10% der befragten Netzwerke mit 1-2 angegeben wurde, gleichzeitig aber nicht umgesetzt werden konnte. Somit stellt dieses Instrument innerhalb der Netzwerke einen der oben beschriebenen Problemfälle dar, da trotz hoher Priorisierung keine Umsetzung erfolgt.

Neben der auftragsbezogenen Ebene wurden ebenfalls Instrumente der auftragsübergreifenden Ebene (Erfolgs-, Aktions- und Partnermanagement) bewertet. Abbildung 4 zeigt das Ergebnis. Auch hier wurde kein Instrument von mehr als 50% der befragten Netzwerke als unwichtig (untere Rangplätze, Median > 3) eingestuft. Die Auswertung zeigt weiterhin die besonders hohe Bedeutung der Entwicklung von Netzwerkstrategien (Median 1,0 bei 6 möglichen Rangplätzen). Ferner hoch priorisiert ist die ebenfalls zum Erfolgsmanagement zählende Bewertung des Netzwerkerfolgs sowie die zum Aktionsmanagement gehörende netzwerkspezifische Schulung der Netzwerkpartner (jeweils Median 2.0). Die verbleibenden vier Instrumente sind für die befragten Netzwerke mit einem Median von 3.0 nur von mittlerer Bedeutung.

Die Umsetzung der Managementinstrumente auf auftragsübergreifender Ebene entspricht weitgehend ihrer Priorität. So entwickeln die befragten Netzwerke überwiegend eine Netzwerkstrategie und bewerten den Netzwerkerfolg. Die weiteren Instrumente sind weitestgehend nur rudimentär umgesetzt, es handelt sich hier um Kennzahlenbildung, Konfliktmanagement, Partnerauswahlverfahren und die IuK-Unterstützung des Netzwerkmanagements. Gerade bei der IuK-Unterstützung streuen die Antworten jedoch sehr stark: So haben 50% der befragten Netzwerke die IuK-Unterstützung gar nicht oder nur

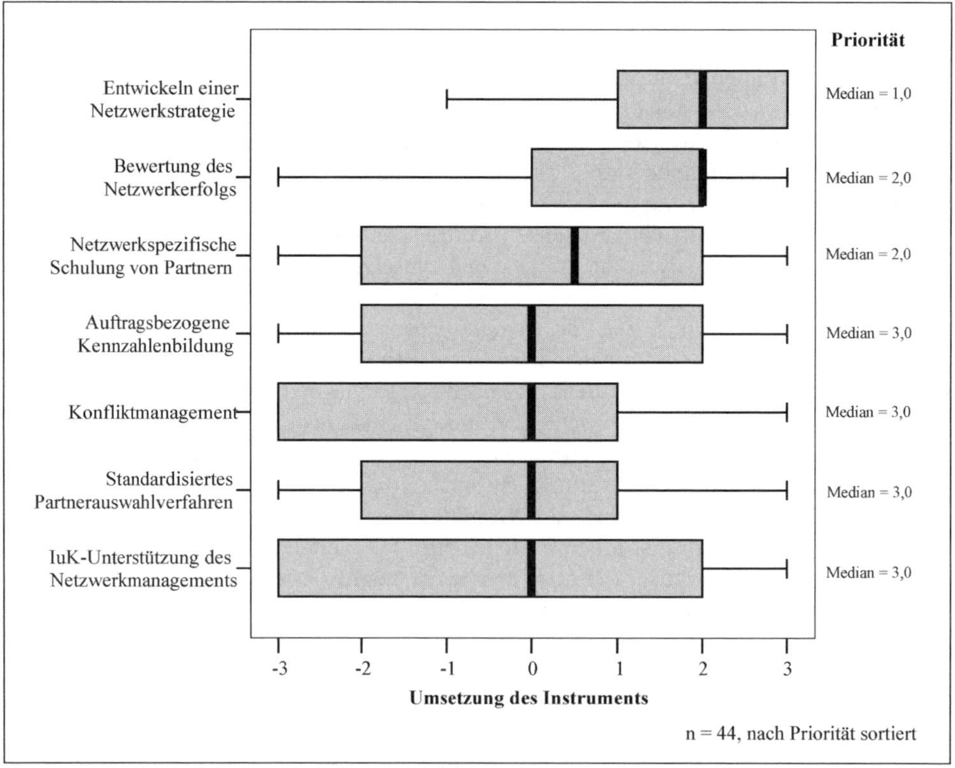

Abb. 4: Umsetzung und Priorität der auftragsübergreifenden Managementinstrumente

rudimentär umgesetzt, 25% aber überdurchschnittlich (0 bis 2) und wenige vollkommen. Abbildung 4 stellt die Ergebnisse für die auftragsübergreifende Ebene dar.

Die Untersuchung des Zusammenhangs zwischen Priorität und Umsetzung von Managementinstrumenten der auftragsübergreifenden Ebene ist in Vorgehen und Ergebnis ähnlich der auftragsbezogenen Ebene. Für sämtliche Instrumente mit Ausnahme der Bewertung des Netzwerkerfolgs und der Entwicklung von Netzwerkstrategien zeigt sich eine Rangkorrelation zwischen Priorität und Umsetzung der Instrumente zwischen 0.38 und 0.74 und damit ebenfalls signifikant auf dem 5%-Niveau. Problemfälle in Form der von den Netzwerken zwar für wichtig erachteten aber nicht umgesetzten Instrumente finden sich bei der Bewertung des Netzwerkerfolgs, die von knapp 10% der befragten Netzwerke zwar als wichtig erachtet (Priorität 1 oder 2), aber trotzdem nicht umgesetzt wird.

II. Erfolg mittelständischer Unternehmensnetzwerke

Die Teilnehmer der Studie haben über den ermittelten Instrumentkatalog hinaus keine weiteren Instrumente genannt, so dass die Auswertung mit dem bestehenden Zielsystem arbeiten kann. Anders als bei den Instrumenten werden drei Ziele von den befragten Netzwerken im Durchschnitt als unwichtig eingestuft: die verbesserte Auslastung von Kapazitäten, die Verkürzung von Produktionszeiten und die Einsparungen durch gemeinsame Beschaffung (Mediane 5.0, 6.0 und 6.0 bei sechs möglichen Rangplätzen). Hingegen bewerten die befragten Netzwerke den Wissens- oder Erfahrungsaustausch zusammen mit der Erschließung neuer Märkte und der Steigerung des Bekanntheitsgrades als wichtigste Ziele (jeweils Median von 2.0). Von nur mittelmäßiger Bedeutung ist der Erhalt zusätzlicher Aufträge und die schnellere Umsetzung von Innovationen.

Die Untersuchung der Zielerreichung zeigt prinzipiell ein positives Bild. So werden sämtliche Ziele von den befragten Netzwerken zumindest teilweise erreicht. Das Ziel des Wissens- und Erfahrungsaustauschs wird am häufigsten erreicht, gefolgt von der der Steigerung des Bekanntheitsgrades, der schnelleren Innovationsumsetzung, zusätzlichen Aufträgen und der Erschließung neuer Märkte. Die Ziele aus dem Bereich der Kosteneffekte wurden sämtlich nur ansatzweise erreicht (Median 0.0). In Abbildung 5 sind diese Ergebnisse dargelegt.

Die Untersuchung des Zusammenhangs zwischen der Priorität der Ziele und ihrer Erreichung zeigt für die meisten Ziele ein positives Bild (Rangkorrelationskoeffizienten zwischen 0.4 und 0.8, signifikant auf dem 5%-Niveau). Ausnahmen sind hier die Steigerung des Bekanntheitsgrades, zusätzliche Aufträge und die verbesserte Kapazitätsauslastung. Für diese Ziele zeigt die genauere Untersuchung, dass hier keine Problemfälle im Sinne von als wichtig eingestuften, aber nicht erreichten Zielen existieren. Der fehlende Zusammenhang ergibt sich hier daraus, dass weniger bedeutende Ziele von den Netzwerken trotzdem erreicht wurden.

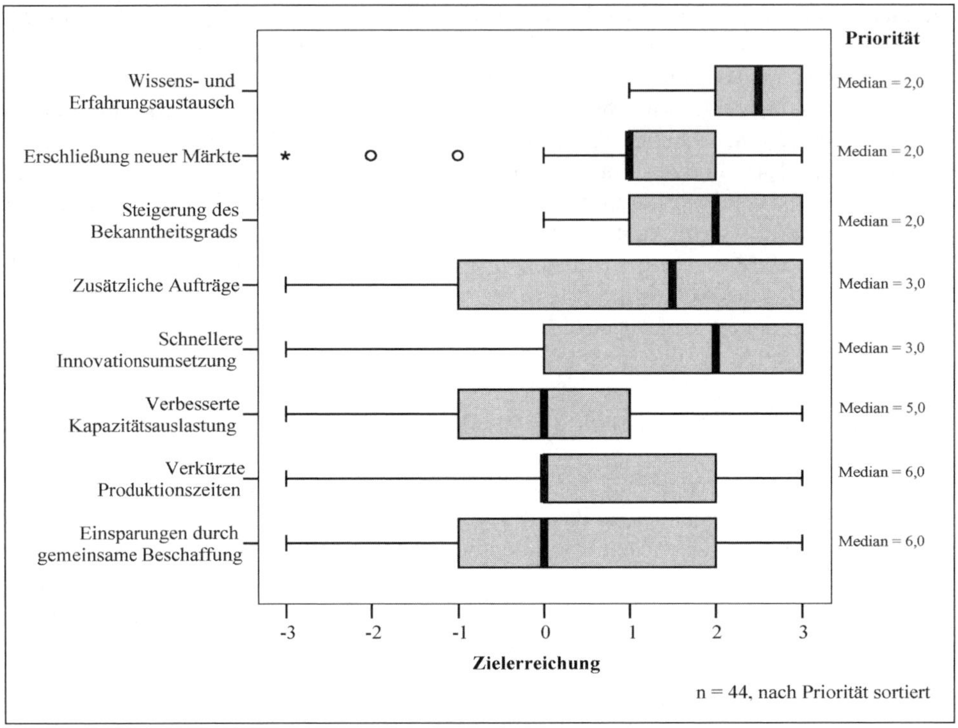

Abb. 5: Erreichung und Priorität von Netzwerkzielen

III. Beitrag des Netzwerkmanagements zum Netzwerkerfolg

Zunächst soll die Konstruktvalidität der beiden Messmodelle (vgl. Abbildung 1) durch konfirmatorische Faktorenanalysen geprüft werden. Hierbei wird nach dem Fundamentaltheorem der Faktorenanalyse unterstellt, dass der Umsetzungsgrad der Einzelinstrumente aufgrund der fachlichen Verwandtschaften in den Instrument- und Zielklassen durch jeweils einen Faktor, nämlich das Ausgangskonstrukt, größtenteils beschrieben werden kann. Nach Feststellung der Stichprobeneignung (Bartlett-Test, MSA>0,7) konnte mit Hauptkomponentenanalysen und anschließender Varimax-Rotation die Zuordnung der Managementinstrumente zu ihren Kategorien exakt und die Zuordnung der Einzelziele zu den Zielkategorien mit nur einer Ambivalenz[3] reproduziert werden.

Um die Umsetzungsgrade der Managementinstrumente als Prädiktoren in Regressionsmodellen einsetzen zu können, empfiehlt sich eine Anpassung. Die Interpretierbarkeit der Analyse würde unter unvermeidlichen Störvarianzen leiden, in den Daten enthaltene Artefakte würden auf dieser Detailebene vollkommen abgebildet und so die Interpretation erschweren. Zudem soll das Problem der Multikollinearität vermieden werden (einige Managementinstrumente korrelieren hochgradig miteinander). Aus diesen Gründen werden in einem Zwischenschritt die Einzelinstrumente anhand des ermittelten Faktorenmodells

	Faktoren			
	Auftragsmgmnt.	Erfolgsmgmnt.	Aktionsmgmnt.	Partnermgmnt.
Standardisierte Auftragskalkulation	0,647			
Interne Ausschreibungen	0,633			
Auftragsdokumentation	0,608			
Partnerbewertung	0,827			
Einheitl. Projektmanagement	0,766			
Netzwerkstrategie		0,644		
Bewertung des Netzwerkerfolgs		0,755		
Auftragsbez. Kennzahlenbildung		0,843		
Netzw.spez. Partnerschulung			0,755	
IuK-Unterstützung Netzwerkmgmnt.			0,771	
Standardisierte Partnerauswahl				0,798
Konfliktmanagement				0,597

ausgeblendet: Faktorladungen < 0,4

Abb. 6: Faktorladungen der Instrumentumsetzung auf die Managementdimensionen

zu den vier anfangs beschriebenen Instrumentkategorien zusammengefasst, um als Prädiktoren in der Regressionsmodellierung eingesetzt werden zu können. Die Ziele werden unaggregiert untersucht, da hier das Problem der Multikollinearität nicht besteht. Die Faktorlösung für die Managementinstrumente reproduziert 66% der ursprünglichen Varianz, Abbildung 6 zeigt die exakten Faktorladungen.

Darauf aufbauend kann nun die Regressionsanalyse durchgeführt werden. Es liegen mit den Instrumentkategorien vier unabhängige Variablen vor, deren Wirkung auf die Zielerreichung in Form von acht abhängigen Variablen zu untersuchen ist. Zudem sind vier ordinal skalierte Moderatoren einzubeziehen, von denen hier angenommen wird, dass sie den Effekt verstärken oder abschwächen, aber die Wirkungsrichtung nicht grundsätzlich umkehren. Deshalb können sie dummycodiert und in Form von 16 weiteren Prädiktoren einbezogen werden. Demnach sind acht Regressionsmodelle mit jeweils vier erklärenden und 16 moderierenden Variablen zu bilden (vgl. Abbildung 7).

Um Moderationseffekte sicher zu identifizieren, werden in jedes Modell zunächst alle Moderatorvariablen aufgenommen. Iterativ werden nun nicht-signifikante ($p < 0{,}10$) Prädiktoren einzeln aus dem Modell entfernt. Die so erstellten Modelle bilden die gesamte Varianz ab, die durch die Moderatoren erklärt werden kann. An dieser Stelle kann die Analyse des Einflusses von Managementinstrumenten ansetzen. Die vier Variablen werden iterativ mit (Partial-) Korrelationen auf ihren Erklärungsbeitrag geprüft und in jeder Iteration der jeweils stärkste Zusammenhang auf Signifikanz geprüft. Ist der Erklärungsbeitrag auf dem 1%-Niveau signifikant, wird die Variable in das Modell aufgenommen. Das Verfahren wird abgebrochen, sobald keine Variable mehr den Aufnahmekriterien entspricht.

Es zeigt sich, dass keine der Instrumentumsetzungsvariablen in die Modelle für den Kosteneffekt Kapazitätsauslastung und den Kompetenzeffekt des Wissensaustauschs aufgenommen werden kann. So verbleiben sechs Modelle zur weiteren Analyse. Die Gesamt-

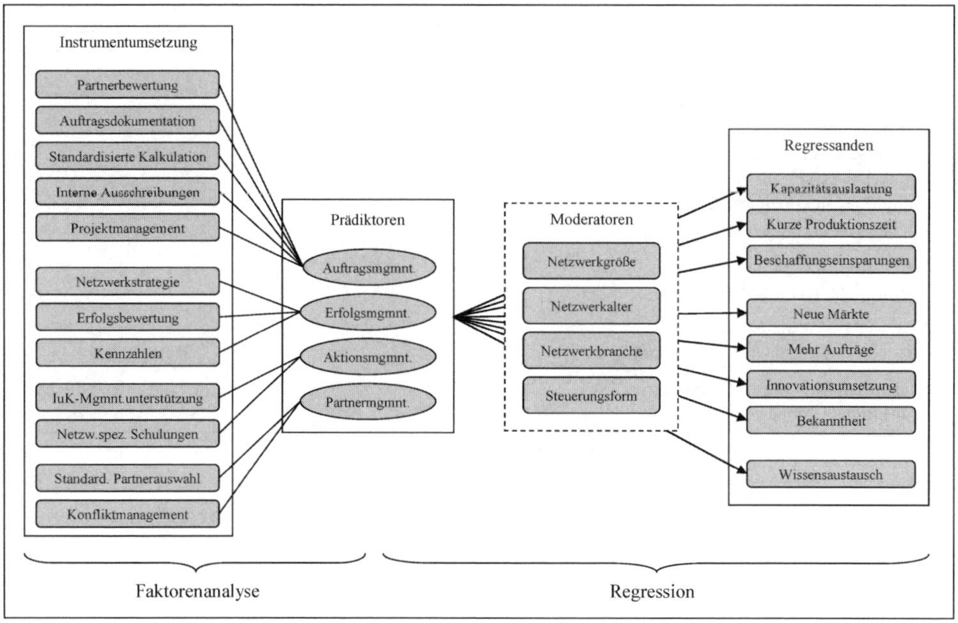

Abb. 7: Schemadarstellung Zusammenhangsanalyse

modelle sind gemäß den F-Statistiken sämtlich auf dem 1%-Niveau signifikant. Multikollinearität ist durch den faktorenanalytischen Zugang ausgeschlossen, das Vorliegen von Autokorrelation kann auf dem 1%-Niveau signifikant abgelehnt werden (Durbin-Watson-Statistik) und Heteroskedastizität ist nach Durchsicht der Residuenstreudiagramme ebenfalls auszuschließen. Die Varianzaufklärung (korrigiertes R^2) liegt zwischen 0.201 und 0.578, was in Anbetracht der Zielsetzung ein akzeptables Maß ist. Das Hauptaugenmerk liegt allerdings auf den standardisierten Regressionskoeffizienten und deren Signifikanz, wie sie in Abbildung 8 tabelliert sind.

Prädiktoren	Kosteneffekte		Verbundeffekte			
	*Prod.zeit***	*Beschaffung***	*Märkte***	*Aufträge***	*Innovation***	*Bekanntheit***
Auftragsmanagement				0,319**		
Aktionsmanagement				0,549**	0,327*	
Erfolgsmanagement	0,466**	0,413*	0,341*		0,303*	0,411**
Partnermanagement	0,457*			0,481**		
Netzwerkalter 4-6 Jahre					-0,300$^+$	
Netzwerkalter >6 Jahre	-0,129$^+$				-0,444**	
Forschung und Bildung	-0,531**				0,359*	
Anlagen- und Masch.bau		0,628**	0,288$^+$	0,159$^+$		
Land- und Forstwirtschaft						-0,267$^+$
korrigiertes R^2	0,578	0,512	0,265	0,526	0,448	0,201

$^+$ *$p \leq 0,10$* * *$p \leq 0,05$* ** *$p \leq 0,01$; Signifikanzangaben an Zielen (Prod.zeit etc.) betreffen die F-Statistik zur Modellsignifikanz*

Abb. 8: Regressionsmodelle

Im Folgenden werden die Befunde der Regressionsmodelle vorgestellt und Interpretationsansätze skizziert, um daraus abschließend Thesen bezüglich des Einflusses der Managementinstrumente abzuleiten.

Für alle Modelle scheint der moderierende Einfluss durch die Netzwerkbranche plausibel, da der Beitrag von Instrumenten für die Zielerreichung in dem Maß variieren kann, in dem sie branchenspezifisch unterschiedliche Bedeutung besitzen (z. B. Beschaffung in Anlagen- und Maschinenbau gegenüber der Beschaffung im Rahmen der Forschung und Bildung). Die Abbildung eines Moderationseffekts durch das Netzwerkalter ist ebenfalls sinnvoll, da das Potenzial von Managementinstrumenten bezüglich betroffener Ziele mit zunehmender „Kooperationserfahrung" geringer ausfällt.

Die Regressionsanalyse zeigt grundsätzlich, dass jede Instrumentenkategorie signifikant zur Erreichung mindestens eines Ziels beitragen kann. Die Zusammenhänge zwischen den einzelnen Instrumentenkategorien und Zielen werden nachfolgend beleuchtet. Bezüglich der Verkürzung von Produktionszeiten zeigt sich ein signifikanter Einfluss des Erfolgs- und Partnermanagements. Eine plausible Ursache liegt in der durch das Partnermanagement sichergestellten Auswahl von Netzwerkpartnern mit Synergiepotenzial. So gewährleistet die standardisierte Partnerwahl als Instrument des Partnermanagements, dass die Partner nach objektiven Kriterien in das Netzwerk aufgenommen werden, im Gegensatz zur Aufnahme aufgrund von Sympathieaspekten. Das Erfolgsmanagement leistet hierbei ebenfalls nachvollziehbare Unterstützung, so stellt etwa die Kennzahlenbildung eine Voraussetzung dar, um derartige Synergiefelder zu identifizieren und zu steuern.

Desgleichen zeigt sich ein signifikanter Zusammenhang zwischen dem Einsatz von Managementinstrumenten und dem Ziel von Einsparungen in der Beschaffung. Ein wesentlicher Faktor zur verbesserten Erreichung dieses Kosteneffekts ist gemäß dem Regressionsergebnis der Einsatz von Instrumenten des Erfolgsmanagements. Einen möglichen Erklärungsansatz für dieses Ergebnis liefert die vom Erfolgsmanagement vorangetriebene Zielausrichtung des Netzwerks. So ist im Rahmen dieser zu erwarten, dass die Beschaffungsbedürfnisse der beteiligten Netzwerkpartner darin abgebildet und gefördert, sowie anhand geeigneter Kennzahlen gesteuert werden.

Das Netzwerkziel der Erschließung neuer Märkte kann durch Erfolgsmanagement signifikant besser erreicht werden. Dieser Befund weist zwar nicht auf einen Einfluss von zielspezifischen Instrumenten hin, unterstreicht aber die grundsätzliche Bedeutung des Erfolgsmanagements zur Zielausrichtung und Kontrolle der Zusammenarbeit in Netzwerken.

Laut den Studienergebnissen haben gleich mehrere Teilbereiche des Netzwerksmanagements einen signifikanten Einfluss auf den Erhalt zusätzlicher Aufträge. Am stärksten scheint die Zielerreichung dabei vom Aktionsmanagement unterstützt zu werden. Daneben zeigt sich jedoch ebenfalls ein bedeutender Einfluss der Instrumente des Partner- und Auftragsmanagements. Eine plausible Erklärung dieses Ergebnisses findet sich in der Betrachtung der Instrumente des Aktionsmanagements. Sie dienen allgemein der Koordination kollektiver Aktionen des Netzwerks. Darunter fällt die gemeinsame Akquisition neuer Aufträge durch die verbesserte Unterstützung verteilter Auftragsabwicklung, wozu maßgeblich die IuK-Unterstützung des Netzwerksmanagements beiträgt. Ein Beispiel wäre der Einsatz spezifischer Kooperationssoftware. Gleichermaßen ist der Erhalt neuer Aufträge auf den Einfluss des Partnermanagements zurückzuführen. So kann die Realisierung zusätzlicher Aufträge durch eine geeignete Partnerkonstellation ermöglicht werden, beispielsweise durch die Berücksichtigung relevanter Gefache von Handwerksunternehmen, um durch das Netzwerk Bauaufträge vergleichbar mit einem Generalunternehmer anzubieten. Das Auftragsmanagement ermöglicht in diesem Kontext erst die adäquate Allokation von Teilaufträgen und die verteilte Durchführung des Gesamtauftrags, so dass das einzelne Partnerunternehmen damit an den Netzwerkaufträgen partizipieren kann.

Erfolgreichen Einfluss auf die Verkürzung der Innovationszeiten im Netzwerk haben vor allem die Instrumente des Aktions- und Erfolgsmanagements. Für dieses Ergebnis lässt sich ebenfalls ein Zusammenhang zu den innerhalb dieser Teilbereiche enthaltenen Managementinstrumenten herstellen. So dienen die Instrumente des Aktionsmanagements wie beschrieben der auftragsübergreifenden Kollaboration im Netzwerk und fördern dementsprechend die Umsetzung von gemeinsamen Innovationen. Das Erfolgsmanagement trägt ebenfalls zur Reduzierung der Innovationszeiten bei, auch in diesem Fall mittelbar durch die grundsätzliche Zielausrichtung des Netzwerks und ihrer Kontrolle.

Die Ergebnisse der Studie deuten ebenfalls auf einen Einfluss der Instrumente des Erfolgsmanagements auf die Steigerung des Bekanntheitsgrades von Netzwerken hin. Die Zielausrichtung des Netzwerks und deren Kontrolle können zur Bildung eines einheitlichen Profils beitragen und fördern damit mittelbar die Steigerung des Bekanntheitsgrades von Netzwerken.

Wie sich bei der Modellbildung bereits gezeigt hat, wird weder das Ziel Wissensaustausch noch die Kapazitätsauslastung durch den Einsatz von Managementinstrumenten signifikant beeinflusst. Für den Wissens- und Erfahrungsaustausch liegt dabei die Interpretation nahe, dass für dessen Erreichung Instrumente außerhalb des Managements einen größeren Einfluss besitzen. Das Fehlen eines einzelnen bzw. mehrerer Instrumente zur signifikanten Verbesserung der Kapazitätsauslastung ist vermutlich ebenfalls darauf zurückzuführen, dass der Erfolgsbeitrag nicht durch einzelne Managementinstrumente erreicht werden kann, sondern durch das Zusammenspiel sämtlicher Teilbereiche.

Zusammenfassend ergeben sich aus diesen Überlegungen folgende Thesen:

1. Managementinstrumente tragen grundsätzlich zur Erreichung von Netzwerkzielen bei.
2. Das Erfolgsmanagement hat einen positiven aber eher mittelbaren Einfluss auf fast alle Netzwerkziele, da es die strategische Grundausrichtung und deren konsequente Verfolgung umfasst.
3. Aufgrund ihrer spezielleren Ausrichtung tragen das Auftrags-, das Aktions- und das Partnermanagement im Gegensatz zum Erfolgsmanagement nur in engen Zielbereichen zu deren Erreichung bei.

E. Zusammenfassung und Fazit

Der vorliegende Beitrag bearbeitete die Frage nach Umsetzung und Erfolgsbeitrag des Netzwerkmanagements in mittelständischen Kooperationen. Es wurde anknüpfend an bestehende kleinstzahlig-qualitative Arbeiten eine explorative und quantitative Studie mit 44 Netzwerken durchgeführt, die zu folgenden Kernergebnissen führte:

- Der Einsatz von Instrumenten des Netzwerkmanagements ist in mittelständischen Netzwerken verbreitet, wobei verschiedene Schwerpunkte beobachtet werden konnten. Diese Schwerpunktsetzung scheint, von wenigen Ausnahmen abgesehen, weitgehend beabsichtigt zu sein.
- Mittelständische Unternehmensnetzwerke erreichen die für sie jeweils bedeutenden Netzwerkziele mehrheitlich.
- Instrumente des Netzwerkmanagements können signifikant zur Zielerreichung und damit zum Netzwerkerfolg beitragen. Während das Erfolgsmanagement durch seine strategischen Komponenten einen sehr großen Wirkungsradius aufweist, ist die Wirkung der ansonsten untersuchten Instrumente nur in einzelnen Bereichen nachweisbar.

Die Studie baut auf vorwiegend konzeptionellen und empirisch-deskriptiven Forschungsarbeiten zu Management und Zielen von Netzwerken auf, wählt aber mit der Zusammenhangsanalyse eine neue Stoßrichtung. Die deskriptiven Ergebnisse bestätigen die bisherigen Erkenntnisse aus Fallstudien grundsätzlich und präzisieren sie hinsichtlich der Priorität von Instrumenten und Zielen. Der generell positive Befund der Zusammenhangsanalyse bestätigt und bekräftigt die Bemühungen um die Gestaltung netzwerkspezifischer Instrumente grundsätzlich und ermöglicht einen ersten Einblick in die Wirkungszusammenhänge zwischen Management und Erfolg von Unternehmensnetzwerken.

Die Tragweite und Generalisierbarkeit des Forschungsbeitrags ist jedoch aufgrund des explorativen Charakters noch unzureichend abschätzbar. Wie aus der Stichprobenbeschreibung hervorgeht, wurden mittelständische Netzwerke mit sehr verschiedenen Profilen befragt. Diese Heterogenität ist zwar zu Explorationszwecken adäquat, setzt aber bei einer größtenteils unbekannten Grundgesamtheit der Induktion klare Grenzen. Hier kann die Studie mit den identifizierten Zusammenhängen nicht zuletzt auch aufzeigen, dass eine detailliertere Untersuchung anhand von größeren und repräsentativen Stichproben lohnenswert ist. Mit drei Thesen zum Erfolgsbeitrag des Netzwerkmanagements will der vorliegende Beitrag einen Anknüpfungspunkt für weitere Arbeiten in dieser Richtung geben.

Anmerkungen

1 Instrumente und Ziele, denen von den Probanden kein Rangplatz zwischen eins und fünf zugewiesen wurde, wurden als gleichsam unbedeutend behandelt. Auf der ordinalen Skala wurde ihnen der Rangplatz sechs zugewiesen. Der Median von 6,0 ergibt sich entsprechend für Instrumente, bei denen mindestens die Hälfte der Unternehmen zwar eine Rangfolge aus anderen Instrumenten gebildet haben, jedoch das entsprechende Instrument nicht enthalten war.

2 Die „Box" ist durch das untere und obere Quartil begrenzt, der Median wird durch eine vertikale Linie innerhalb markiert. Ausreißer (1.5- bis 3-facher Quartilsabstand vom jeweiligen Quartil entfernt) werden durch °, Extremwerte (mehr als 3-facher Quartilsabstand vom Quartil entfernt) durch * gekennzeichnet. Der kleinste und größte beobachtete Wert, der keinen Ausreißer darstellt, wird durch Linien außerhalb der „Box" dargestellt.

3 „Steigerung des Bekanntheitsgrades" lädt auf den Faktor Verbundeffekte mit 0,48, aber zusätzlich auf den Faktor „Kompetenzeffekte" mit 0,77.

Literatur

Alt, R./Legner, C./Österle, H. (2005): Virtuelle Organisation – Konzept, Realität und Umsetzung, in: HMD Theorie und Praxis der Wirtschaftsinformatik, 42, Nr. 242, 7–20.

Bassen, A./Behmann, M./Gilbert, D. (2001): Internationalisierung des Mittelstands. Ergebnisse einer Studie zum Internationalisierungsverhalten deutscher mittelständischer Unternehmen, in: Zeitschrift für Betriebswirtschaft, 71, 413–432.

Beardsworth, A. D./Keil, E. T./Bresnen, M./Bryman, A. (1988): Management, Transience and Subcontracting: the Case of the Construction Site, in: Journal of Management Studies, 25, 603–625.

Boddy, D./Gunson, N. (1995): Organizations in the Network Age, London.

Casciaro, T. (2003): Determinants of governance structure in alliances: the role of strategic, task and partner uncertainties, in: Industrial and Corporate Change, 12, 1223–1251.

DG Bank (2000): Mittelstand im Mittelpunkt Herbst/Winter 2000 – Sonderthema: Kooperationen im Mittelstand, Frankfurt.

Dibbern, F. (2002): Mittelstand im Wandel des Wettbewerbs – Möglichkeiten und Grenzen kooperativer Unternehmensnetzwerke als strategische Option, Freiburg.

ECEII: Executive Research Report (2000): Electronic Commerce Enquête II (ECEII) 2000 – Empirische Untersuchung zum Business-to-Business Electronic Commerce im deutschsprachigen Raum, Freiburg.

Faisst, W. (1996): Wissensmanagement in Virtuellen Unternehmen: Arbeitspapier der Reihe „Informations- und Kommunikationssysteme als Gestaltungselement Virtueller Unternehmen", 8/1996, Nürnberg.

Grandori, A. (1999): Interfirm networks: organizational mechanisms and economic outcomes, in: Grandori, A. (Hrsg.): Interfirm networks – organization and industrial competitiveness, London, 1–14.

Günterberg, B./Wolter, H.-J. (2002): Unternehmensgrößenstatistik 2001/2002 – Daten und Fakten, Bonn.

Hirnle, C. (2005): Bewertung unternehmensübergreifender IT Investitionen Ein organisationsökonomischer Zugang, München.

Jarillo, J. C. (1988): On Strategic Networks, in: Strategic Management Journal, 9., 31–41.

Kemmner, G.-A./Gillessen, A. (2000): Virtuelle Unternehmen : ein Leitfaden zum Aufbau und zur Organisation einer mittelständischen Unternehmenskooperation, Heidelberg.

Madhavan, R./Koka, B./Prescott, J. (1999): Networks in transition: how industry events (re)shape interfirm relationships, in: Strategic Management Journal, 19, 439–459.

Mambrey, P./Pipek, V./Rohde, M. (Hrsg.) (2003): Wissen und lernen in virtuellen Organisationen: Konzepte, Praxisbeispiele, Perspektiven. Berlin.

Picot, A./Reichwald, R./Wigand, R. (2003): Die grenzenlose Unternehmung, Information, Organisation und Management, Wiesbaden.

Plaßmann, M. (1974): Die Kooperationsentscheidung des Unternehmers, Münster.

Powell, W. (1990): Neither Market nor Hierarchy: Network Forms of Organization, in: Research in Organizational Behavior, 12, 295–336.

Raupp, M. (2002): Netzwerkstrategien und Informationstechnik: eine ökonomische Analyse von Strategien in Unternehmensnetzwerken und deren Wirkungen auf die Ausgestaltung der zwischenbetrieblichen Informations- und Kommunikationssysteme, Frankfurt am Main.

Rautenstrauch, T. (2002): Unternehmenskooperationen und -netzwerke: Ergebnisse einer empirischen Untersuchung im Kammerbezirk Ostwestfalen, Bielefeld.

Riemer, K./Klein, S. (2005): Herausforderungen virtueller Organisation – Sozialkapital als Voraussetzung für das Funktionieren virtueller Organisationen, in: HMD – Praxis der Wirtschaftsinformatik, 43, Nr. 2, 21–31.

Rupprecht-Däullary, M. (1994): Zwischenbetriebliche Kooperationen: Möglichkeiten und Grenzen durch Informations- und Kommunikationstechnologie, Wiesbaden.

Scherm, E./Süß, S. (2000): Brauchen Virtuelle Unternehmen Planung?, in: Zeitschrift für Planung, 11, 457–462.

Scholz, C. (2000): Virtualisierung als Wettbewerbsstrategie für den Mittelstand? Erste Erfahrungen und ergänzende Überlegungen, in: Albach, H./Specht, D./Wildemann, H. (Hrsg.): Ergänzungsheft 2/2000 der Zeitschrift für Betriebswirtschaft, Wiesbaden, 201–222.
Schöne, R. (2002): Netzwerkuntersuchung: Netzwerkkooperationen von KMU als ein Lösungsansatz für die Regionalentwicklung: Eine Bestandsaufnahme im Freistaat Sachsen mit Schlussfolgerungen und Empfehlungen, Dresden.
Schräder, A. (1996): Management virtueller Unternehmungen: organisatorische Konzeption und informationstechnische Unterstützung flexibler Allianzen, Frankfurt.
Staudt, E./Toberg, M./Linné, H./Bock, J./Thielemann, F. (1992): Kooperationshandbuch: Ein Leitfaden für die Unternehmenspraxis, Stuttgart.
Stengel, R. v. (1999): Gestaltung von Wertschöpfungsnetzwerken, Wiesbaden.
Subramani, M./Venkatraman, N. (2003): Safeguarding investments in asymmetric interorganizational relationships: theory and evidence, in: Academy of Management Journal, 46, 46–62.
Sydow, J./Windeler, A. (Hrsg.) (1994): Management interorganisationaler Beziehungen – Vertrauen, Kontrolle und Informationstechnik. Opladen.
Sydow, J. (Hrsg.) (2003a): Management von Netzwerkorganisationen. Wiesbaden.
Sydow, J. (2003b): Über Netzwerke, Allianzsysteme, Verbünde, Kooperationen und Konstellationenen, in: Sydow, J. (Hrsg.): Management von Netzwerkorganisationen, Beiträge aus der „Managementforschung", Wiesbaden, 1–6.
Sydow, J. (2003c): Management von Netzwerkorganisationen – Zum Stand der Forschung, in: Sydow, J. (Hrsg.): Management von Netzwerkorganisationen, Wiesbaden, 293–354.
Tröndle, D. (1987): Kooperationsmanagement, Bergisch-Gladbach.
Veil, T./Hess, T. (1998): Fallstudien zum Controlling von Unternehmensnetzwerken, Arbeitspapier der Abt. Wirtschaftsinformatik II der Universität Göttingen, Nr. 3/1998, Göttingen.
Wohlgemuth, O. (2002): Management netzwerkartiger Kooperationen, Instrumente für die unternehmensübergreifende Steuerung, Wiesbaden.
Zundel, P. (1999): Management von Produktions-Netzwerken : eine Konzeption auf Basis des Netzwerk-Prinzips, Wiesbaden.

Florian Stadlbauer, Thomas Wilde und Thomas Hess

Management in mittelständischen Unternehmensnetzwerken – eine empirische Untersuchung

Zusammenfassung

Mittelständische Unternehmen agieren heute oft in Unternehmensnetzwerken, wobei in der Literatur umstritten ist, ob diese im Sinne eines Netzwerkmanagements gesteuert werden können. Bisherige empirische Untersuchungen beschäftigen sich mit diesem Aspekt nur am Rande, weshalb der Beitrag mit einer Fragebogenstudie den Einsatz von Instrumenten des Netzwerkmanagements und deren Erfolgsbeitrag explorativ untersucht. Es zeigt sich, dass vor allem Instrumente des Erfolgs- und Auftragsmanagements umgesetzt werden und mittelständische Netzwerke hauptsächlich qualitative Ziele wie bspw. Wissens- und Erfahrungsaustausch oder die Erschließung neuer Märkte anstreben. Hinsichtlich des Erfolgsbeitrags wurde festgestellt, dass die strategisch orientierten Instrumente des Erfolgsmanagements in vielen Bereichen zur Zielerreichung beitragen können. Die ansonsten untersuchten Instrumente waren hingegen nur in einzelnen Zielbereichen nachweisbar.

Management of medium sized virtual corporations – an empirical investigation

Summary

Today medium-sized businesses are often involved in virtual corporations. A glance at the literature shows a dispute, whether virtual corporations are controllable at all. The article seeks to explore the implementation of management instruments in as well as the success (here: achievement of objectives) of virtual corporations, because this aspect is only marginally covered by previous empirical studies. As a first contribution, the article points out that success management and order execution management are the most adopted instrument categories. Furthermore the questioned organizations prioritize "soft" objectives, for example to break into new markets or to exchange knowledge and experience. Concerning the management instruments' contribution to the achievement of objectives, the paper depicts the instrument category "success management" as a universal tool. The impact of further instruments could only be measured for specific objective categories.

Keywords: virtual corporation, management instruments, SME, survey, success factors

JEL: M10

Anreizstrukturen im Mittelstand – ein empirischer Vergleich zwischen KMU und Großunternehmen

Von Thomas Behrends

Überblick

- Empirische Studien belegen regelmäßig, dass größere Unternehmen ihren Beschäftigten umfangreichere materielle Anreize bieten als KMU. Im Sinne einer „Kompensationsthese" wird allerdings oft unterstellt, dass kleine und mittlere Betriebe diesem strukturellen Defizit im Wettbewerb um qualifizierte Arbeitnehmer begegnen, indem sie mit einem anderen „Mix" von Anreizen operieren, ihren Mitarbeitern also – gewissermaßen „zum Ausgleich" – andere (vor allem *immaterielle*) Anreize zur Verfügung stehen, über die größere Unternehmen üblicherweise nicht im gleichen Maße verfügen.
- Der vorliegende Beitrag diskutiert daher zunächst mögliche Ansatzpunkte für eine theoretische Fundierung der angeführten „Kompensationsthese". Anschließend werden die empirischen Befunde einer Vergleichsstudie (n = 598) höher qualifizierten Arbeitnehmern aus KMU und Großunternehmen zur *größenabhängigen Beschaffenheit betrieblicher Anreizstrukturen und ihrer Wirkung auf die Arbeitszufriedenheit bzw. das affektive commitment* vorgestellt.
- Die empirischen Befunde deuten auf einen differenzierter zu betrachtenden Zusammenhang zwischen Unternehmensgröße und betrieblicher Anreizgestaltung hin. So stellen sich KMU im Hinblick auf die Gewährung immaterieller Anreize keineswegs grundsätzlich *besser*. Allerdings kommt gerade in kleineren und mittleren Unternehmen der Beschaffenheit dieser immateriellen Anreizkategorien eine besondere Bedeutung für die Zufriedenheit und Verbundenheit der Beschäftigten zu.

Jr.-Prof. Dr. Thomas Behrends, Jahrgang 1967, arbeitet als Juniorprofessor für „Small Business Management" am Institut für Mittelstandsforschung der Universität Lüneburg. Seine Forschungsarbeiten liegen im Bereich der verhaltenswissenschaftlichen Personal- und Organisationsforschung. Schwerpunktthemen seiner Arbeit sind Organisationskultur, betriebliche Sozialstrukturen, organisationale Innovations- und Veränderungsprozesse sowie das Personalmanagement in Klein- und Mittelbetrieben. E-mail: behrends@uni-lueneburg.de

ZfB
ZEITSCHRIFT FÜR BETRIEBSWIRTSCHAFT

A. Forschungsfrage

Repräsentative empirische Studien belegen für den Bereich der materiellen Anreize regelmäßig ein mehr oder minder deutliches strukturelles Defizit kleiner und mittlerer Betriebe (KMU) gegenüber Großunternehmen: Größere Unternehmen zahlen nicht nur höhere Löhne, sie bieten ihren Mitarbeitern auch umfangreichere Zusatzleistungen (wie etwa Sozialleistungen, Altersvorsorge etc.).[1] Im Lichte der Argumentation ökonomisch orientierter Organisations- und Verhaltenstheorien, derzufolge Arbeitnehmer dort ein Beschäftigungsverhältnis eingehen, wo sie für ihre Beiträge die höchste Gegenleistung erhalten, deutet dieser Befund zunächst einmal auf eine Benachteiligung von KMU im Wettbewerb um qualifizierte Arbeitskräfte hin. Um der These entgegen zu treten, dass dementsprechend in kleineren Unternehmen tendenziell leistungsschwächere bzw. weniger leistungsbereite Mitarbeiter tätig seien als in Großunternehmen, wird oftmals die Auffassung vertreten, dass KMU eben mit einem anderen „Mix" von Anreizen operieren, ihren Beschäftigten also – gewissermaßen „zum Ausgleich" – andere, vor allem auch *immaterielle* Anreize bieten, über die wiederum größere Unternehmen nicht (bzw. nicht in dem selben Maße) verfügen.[2]

Zwar mag der hier angedeutete Zusammenhang zwischen Betriebsgröße und der Ausgestaltung betrieblicher Anreizstrukturen vor dem Hintergrund einschlägiger Forschungsbefunde und Praxisberichte ein gewisses Maß an Plausibilität für sich beanspruchen, seine theoretische Fundierung und auch seine empirische Überprüfung stehen in weiten Teilen aber noch aus (Curran/Stanworth 1981, Behrends/Martin 2006, Werner 2004). Es ist das Ziel des vorliegenden Artikels, über die Erörterung verschiedener theoretischer Zugänge und – darauf aufbauend – anhand einer empirischen Vergleichsstudie zur Beschaffenheit und Wirkungsweise zentraler betrieblicher Anreizkategorien in Klein-, Mittel- und Großunternehmen einen Beitrag zur Schließung dieser Forschungslücke zu leisten.

B. Theorie: Betriebsgröße und Anreizgestaltung

Zur Sicherung ihres Fortbestandes und wirtschaftlichen Erfolges sind Organisationen auf die Leistungsbeiträge ihrer Beschäftigten angewiesen. Aus tauschtheoretischer Perspektive ist eine entsprechende Teilnahme- und Leistungsbereitschaft seitens der Mitarbeiter aber nur dann zu erwarten, so lange diese für ihre Anstrengungen auch eine (subjektiv) angemessene Gegenleistung erhalten. Die Bereitstellung betrieblicher bzw. arbeitsbezogener Anreize bildet somit die motivationale Grundlage für die Entstehung und Aufrechterhaltung von Arbeitsbeziehungen und markiert eine elementare personalwirtschaftliche Funktionsanforderung, der sich *jedes* Unternehmen, ja im Grunde jedes soziale System – zunächst einmal ganz unabhängig von seiner Größe – gegenüber sieht (Martin 2006).

Inwiefern ist nun von der Unternehmens*größe* überhaupt ein Einfluss auf die Herausbildung spezifischer (also größenabhängiger) Anreizstrukturen zu erwarten?[3] Vergegenwärtigt man sich die grundlegende Argumentationsfigur mittelstandsökonomischer Untersuchungen, so wird ersichtlich, dass üblicherweise nicht der Größe an sich eine unmittelbare Wirkung auf das Unternehmensverhalten unterstellt wird. Die eigentliche Vermittlung zwischen der Unternehmensgröße und den jeweils betrachteten Aspekten des betrieblichen Geschehens vollzieht sich in aller Regel über eine (explizite oder implizite) Berücksichtigung des größenbedingten Wandels organisationaler *Handlungsvoraussetzungen.*

I. Betriebsgrößenabhängige Handlungsvoraussetzungen von Unternehmen

Welches sind nun aber wesentliche größenabhängige Determinanten des Unternehmensverhaltens, denen (auch) im Hinblick auf die Beschaffenheit betrieblicher Anreizstrukturen eine grundlegende Bedeutung beizumessen ist? Im Folgenden werden mit der *Ressourcenausstattung*, der *Komplexität* und dem *betrieblichen Sozialcharakter* drei fundamentale Erklärungsgrößen eingeführt, die eng mit der Betriebsgröße verwoben sind (Behrends/Martin 2006). Jede dieser Erklärungsgrößen gründet dabei gewissermaßen auf einem eigenständigen „organisationstheoretischen Paradigma", rückt also jeweils einen spezifischen Ausschnitt der komplexen Organisationswirklichkeit in den Vordergrund. Auf diese Weise ergeben sich sowohl für die theoretische Ausdifferenzierung der angestellten Überlegungen, als auch für eine schrittweise Integration unterschiedlicher theoretischer Perspektiven weiterführende Ansatzpunkte.

Ressourcenausstattung

Aus der Perspektive *ökonomisch* fundierter Verhaltens- und Organisationstheorien wird der Handlungsspielraum sozialer Systeme maßgeblich durch deren jeweilige *Ressourcenausstattung* determiniert (vgl. hierzu insbesondere die Argumentation des „resource based view" bei Barney 1991, Grant 1991, Wernerfelt 1984, für eine personalwirtschaftliche Betrachtung vgl. Colbert 2004, Wright et. al. 2001, Lado/Wilson 1994). Gerade auch im Hinblick auf die Ausgestaltung der internen Austauschbeziehungen begrenzt die Verfügbarkeit materieller, personeller/sozialer und auch zeitlicher Ressourcen die Möglichkeiten von Unternehmen, ihren Beschäftigten (aber auch potentiellen Mitarbeitern) entsprechende Teilnahme- und Leistungsanreize zu bieten und sich so auf dem Arbeitsmarkt als attraktiver Arbeitgeber zu positionieren.

Eine im Vergleich zu Großunternehmen oder Konzernen *geringere (materielle) Ressourcenausstattung* gilt in der Literatur nahezu unbestritten als ein typisches (in manchen KMU-Definitionen ja sogar als ein *konstitutives*) Merkmal kleiner und mittlerer Betriebe. Je kleiner ein Unternehmen, desto geringer ist üblicherweise der ihm zur Verfügung stehende Ressourcenpool. Dies manifestiert sich sowohl in der *Menge* als auch in der *Vielfalt* der verfügbaren Ressourcen sowie in den jeweiligen Möglichkeiten, im Bedarfsfall eine *Verlagerung* etwa von finanziellen Ressourcen von einem in einen anderen Unternehmensbereich vorzunehmen.[4]

Ohne die Annahme eines „strukturellen Ressourcendefizits" kleiner und mittlerer Betriebe grundlegend in Frage stellen zu wollen, bedarf diese angesichts des ausgesprochen weit gefassten, über ein bloßes materielles bzw. monetäres Begriffsverständnis hinausreichenden Ressourcenbegriffs, der den einschlägigen theoretischen Ansätze zugrunde liegt, allerdings einer gewissen Relativierung:[5] So lassen sich durchaus auch bestimmte betriebliche Ressourcen identifizieren, deren Verfügbarkeit mit steigender Unternehmensgröße eher ab- denn zunimmt (etwa bestimmte Handlungsbereitschaften, Veränderungs- und Verständigungspotentiale, vgl. Martin/Bartscher-Finzer 2006).

Komplexität

Insbesondere die *systemtheoretisch* fundierte Organisationsforschung sieht in der Fähigkeit, die (prinzipiell unbegrenzte) Komplexität ihrer Systemumwelt durch die interne Generierung entsprechend komplexer Strukturen und Prozesse auf ein handhabbares Maß zu reduzieren, eine zentrale Funktionsanforderung sozialer Systeme (Blau 1970, Lawrence/ Lorsch 1967). Ausgehend von der Überlegung, dass sich die Zahl und Komplexität der bestehenden Umweltbezüge eines Sozialsystems im Zuge seines Wachstums stetig weiter erhöht, werden daher auch systemintern immer wieder entsprechende Anpassungsleistungen erforderlich. Demnach lässt sich eine zunehmende *Systemkomplexität* als gleichsam logische Folge eines fortschreitenden Unternehmenswachstums begreifen. Je größer (hier: je *komplexer*) also ein Unternehmen, desto eher bedarf es zum einen besonderer Institutionen und Strukturen (z. B. spezialisierte Abteilungen), die darauf ausgelegt sind, mehr oder weniger abgeschlossene Ausschnitte der Systemumwelt zu bearbeiten (Scott 1986, Ford/Slocum 1977, Daft/Bradshaw 1980). Da die unterschiedlichen Systembestandteile jedoch untereinander stets in gewissen funktionalen Kooperationszusammenhängen verflochten bleiben, muss zum anderen – auf einer übergeordneten Ebene und in aggregierter Form – auch die effiziente Koordination der verschiedenen Teilsysteme gewährleistet werden (etwa durch den Ausbau hierarchischer Strukturen und bürokratischer Verfahrensregeln).

Sozialcharakter

Im Lichte *verhaltenswissenschaftlicher* Ansätze der Personal- und Organisationsforschung rückt schließlich eine Reihe von Forschungsbefunden in den Vordergrund, die auf einen größenabhängigen Wandel des *Sozialcharakters* von Unternehmen hindeuten (Kotthoff/Reindl 1990, Manz 1993, Matlay 1999, Ritchie 1993). So erleichtert die relative Überschaubarkeit kleinerer Unternehmen den wirkungsvollen Rückgriff auf sozialintegrative Koordinationsmechanismen: Zum einen bietet sich aufgrund der geringeren funktionalen Differenzierung in KMU ein für nahezu jedes Organisationsmitglied klar erkenn- und erlebbarer Bezug seiner individuellen Leistungsbeiträge zur (kollektiven) Gesamtleistung des Unternehmens. Zum anderen resultiert aus der mehr oder weniger unmittelbaren Wechselseitigkeit der innerbetrieblichen Kooperationszusammenhänge eine deutlich geringere soziale und lebensweltliche Distanz – auch zwischen den Angehörigen unterschiedlicher hierarchischer Ebenen. Wenngleich die Frage nach den Besonderheiten des betrieblichen Sozialcharakters innerhalb der KMU-Forschung durchaus kontrovers diskutiert wird (Wilkinson 1999, Marlow/Patton 1993, Ram/Holliday 1993, Rainnie 1985)[6], lässt sich doch insgesamt festhalten, dass die Organisationswirklichkeit kleinerer Unternehmen durch eine deutlich größere Bedeutung des *persönlichen Elements* in den Arbeits- bzw. Arbeitgeber-Arbeitnehmer-Beziehungen gekennzeichnet ist (Behrends/ Martin 2006).[7]

In Abbildung 1 ist die vermittelnde Funktion der drei größenabhängigen Handlungsvoraussetzungen nochmals graphisch veranschaulicht:

Betriebsgröße	——	**Handlungs-voraussetzungen** Ressourcenausstattung Komplexität Sozialcharakter	——	**Unternehmensverhalten**

Abb. 1: Betriebsgrößenbedingte Handlungsvoraussetzungen des Unternehmensverhaltens

Die hier beschriebenen Erklärungsgrößen entfalten grundlegende Wirkungskräfte bzw. -mechanismen, über die sich – ganz allgemein – Betriebsgrößenunterschiede in einem veränderten Unternehmensverhalten niederschlagen.[8] Sie bleiben daher vorläufig noch recht abstrakt. Für eine systematische Erörterung ihres spezifischen Einflusses auf die Generierung betrieblicher Anreizstrukturen bedarf es zunächst noch einer Verknüpfung der skizzierten Handlungsvoraussetzungen mit entsprechenden motivationstheoretischen Überlegungen und Einsichten.

II. Betriebliche Anreizkategorien

Im Hinblick auf die *inhaltliche* Ausdifferenzierung organisationaler Anreizstrukturen finden sich in der Literatur verschiedene Ansätze, um die Vielfalt der im betrieblichen Kontext (potentiell) wirksamen Anreize zu systematisieren. Als gemeinsamer Ausgangspunkt dient den vorliegenden Übersichten dabei üblicherweise die Orientierung an einschlägigen Bedürfnisklassifikationen aus dem Bereich der Verhaltens- und Motivationspsychologie (siehe z. B. Becker 2005, Schanz 2000). Auf diese Weise wird eine (zu) enge ökonomische Fokussierung auf die vertraglich vereinbarte *monetäre* bzw. *materielle* Vergütung erbrachter Arbeitsleistungen zugunsten einer Berücksichtigung auch *immaterieller* betrieblicher Anreizfaktoren überwunden. Die gesamte Organisation erscheint gemäß einer solchen Perspektive als *Anreizsystem*, und es ist zunächst einmal unerheblich, ob die gewährten Anreize einer bewussten Gestaltung durch das Management unterliegen oder gleichsam als „Nebeneffekt" aus dem organisationalen Geschehen hervortreten (Becker 1995).

Vor dem Hintergrund der hier interessierenden Fragestellung und unter Berücksichtigung der oben skizzierten, größenabhängigen Handlungsvoraussetzungen von Unternehmen sollen im Folgenden vereinfachend drei elementare Anreizkategorien unterschieden werden: *materielle*, *tätigkeitsbezogene* und *soziale* Anreize.[9]

Ressourcen: Materielle Anreize

Unter materiellen Anreizen versteht man üblicherweise alle Gegenleistungen eines Betriebes, denen ein materieller Wert beigemessen werden kann. Kernelement der materiellen Anreizgestaltung sind die *Löhne* (Festeinkommen und variable Lohnbestandteile wie Prämien, Boni etc.). Darüber hinaus lässt sich aber noch eine Vielzahl anderer materieller Anreizkomponenten benennen (*freiwillige Sozialleistungen, betriebliche Darlehen, Firmenwagen, Produktrabatte* für Beschäftigte, *Werkswohnungen etc.)*. Ausgehend von der Überlegung, dass der zentrale motivationale Ansatzpunkt dieser Anreize in der Gewährleistung einer materiellen (Grund-)Sicherung besteht, kann bei Erweiterung des zeitlichen Betrachtungshorizonts mittel- bis langfristig auch der *Beschäftigungssicherheit* oder den *betrieblichen Entwicklungs- und Karriereaussichten* zumindest anteilig eine entsprechende Anreizwirkung beigemessen werden.

Bei den materiellen Anreizen handelt es sich somit um *geldwerte* Leistungen, die den Beschäftigten von der Organisation für die Bereitstellung ihrer Arbeitskraft überlassen werden. Insofern besteht eine unmittelbare Beziehung zwischen der betrieblichen Ressourcenausstattung und dem organisationalen Handlungsspielraum bei der Gewährung materieller Anreize. Darüber hinaus lässt sich diesbezüglich aber auch noch ein eher indirekter Zusammenhang ausmachen. So sind bei der Gewährung materieller Anreize nicht nur die zur „Auszahlung" gelangenden Beträge zu berücksichtigen. Denn bereits die Entwicklung und Unterhaltung eines ausdifferenzierten Anreiz- und Karrieresystem geht oftmals mit einem erheblichen planerischen und administrativen Aufwand einher (so bedarf es beispielsweise einer entsprechenden personalwirtschaftlichen Expertise, geeigneter Instrumente zur Leistungserfassung und Personalentwicklung etc.), wodurch ebenfalls personelle, zeitliche und finanzielle Ressourcen im Unternehmen gebunden werden.

Aus den skizzierten Zusammenhängen lässt sich im Hinblick auf die Gewährung materieller Anreize zunächst ein *strukturelles Defizit* von KMU ableiten. Wie ja auch die Ergebnisse der angeführten Repräsentativstudien belegen, verfügen größere Unternehmen – angesichts ihrer größenbedingt umfangreicheren Ressourcenausstattung – in aller Regel über erheblich bessere Möglichkeiten, ihren Beschäftigten entsprechende geldwerte Gegenleistungen zu bieten. Dies gilt sowohl für die unmittelbare Entlohnung der Arbeitsleistung, als auch für die Ausgestaltung eher mittel- bis langfristig wirksamer materieller Anreize, wie etwa die Bereitstellung von Karriere- und Entwicklungsmöglichkeiten.

Komplexität: Tätigkeitsbezogene Anreize

Eine zweite wesentliche Quelle betrieblicher Anreize hat ihren Ursprung in der Arbeitstätigkeit selbst. Die Ausübung bestimmter Tätigkeiten oder Berufe (das Arbeits*erleben*) leistet oftmals einen *intrinsischen* Beitrag zur Befriedigung individueller Leistungs- und Selbstverwirklichungsmotive, wobei das tatsächliche Motivationspotential einer Arbeitsaufgabe von der Beschaffenheit verschiedener psychologisch relevanter Tätigkeitsdimensionen abhängig ist (z. B. der Autonomie bei der Aufgabenerfüllung, dem Abwechslungsreichtum oder der wahrgenommenen Bedeutung/Verantwortung der Aufgabe etc. vgl. Brass 1981, Hackman/Lawler 1971, Hackman/Oldham 1976). Darüber hinaus sind die einzelnen Arbeitsplätze (insbesondere für komplexe, höher qualifizierte Tätigkeiten) in Unternehmen stets in ein mehr oder weniger reguliertes Netz betrieblicher Kooperationszusammenhänge eingebettet, das die individuellen Handlungsspielräume und Partizipationsmöglichkeiten der organisationalen Akteure begrenzt (z. B. über die Wirksamkeit betrieblicher Verhaltens- und Verfahrensregeln, impliziter oder expliziter Rollenerwartungen etc.). Insofern wird das tätigkeitsbezogene Anreiz-/Motivationspotential nicht nur durch das konkrete Aufgabenspektrum des jeweiligen Arbeitsplatzes beeinflusst, sondern auch durch dessen spezifische Verankerung in den organisationalen Entscheidungs- und Handlungsstrukturen.

Wie oben bereits ausgeführt, findet die größenbedingt ansteigende Komplexität sozialer Systeme ihren Ausdruck in einer fortschreitenden *vertikalen und horizontalen Ausdifferenzierung organisationaler Strukturen*: Größere Unternehmen bedürfen zur effizienten Koordination ihrer arbeitsteiligen Leistungserstellung sowohl einer ausgebauten Hierarchie als auch einer zunehmenden Aufgabenspezialisierung in Fachabteilungen, Stäben etc. Über den hier skizzierten Wandel in der betrieblichen Arbeits- und Aufgabenorganisation ist auch ein größenspezifischer Einfluss auf die Beschaffenheit der angeführten, intrinsisch motivierenden Tätigkeitsmerkmale zu erwarten: So erhöht sich etwa mit steigender Systemkomplexität in aller Regel auch das Ausmaß der im Zuge organisationaler Entscheidungs- und Leistungsprozesse zu berücksichtigenden Informationen, Restriktionen und Partikularinteressen. Als quasi-logische Konsequenz dieser Zunahme wechselseitiger Abhängigkeiten und Abstimmungsbedarfe im Unternehmen steigt die Notwendigkeit einer bürokratischen Standardisierung bzw. hierarchischen Regulierung innerbetrieblicher Arbeitszusammenhänge, wodurch sich wiederum die Handlungsautonomie der verschiedenen Teilbereiche bzw. Subsysteme – bis hin zum einzelnen Arbeitsplatz vermindert. Eine ähnliche Argumentation ergibt sich auch für den Zusammenhang zwischen der größenbedingt wachsenden Komplexität von Organisationen und der motivierenden Kraft, die aus der (tatsächlichen und wahrgenommenen) Bedeutung/Wichtigkeit einer Arbeitstätigkeit hervorgeht. So fällt es den Mitarbeitern in größeren Unternehmen – eben aufgrund des hohen Grades an Arbeitsteiligkeit und Aufgabenspezialisierung – tendenziell schwerer, einen klaren Bezug ihrer individuellen Leistungsbeiträge zum übergeordneten Unternehmenserfolg zu erkennen. Je mehr dieser Bezug aber verloren geht, desto höher ist auch das Risiko einer demotivierenden Desintegration, bei der sich die Beschäftigten selbst nicht länger als die eigentlichen „Träger des Organisationsgeschehens", sondern lediglich noch als disponible und austauschbare „Humanressourcen" empfinden.[10]

Zusammenfassend lässt sich im Hinblick auf die vorliegende Forschungsfrage Folgendes festhalten: Ausgehend von der Annahme einer im Zuge des Unternehmenswachstums fortschreitenden Ausdifferenzierung organisationaler Handlungs- und Entscheidungsstrukturen lassen sich einige grundlegende Systemkräfte identifizieren, die hinsichtlich der (größenabhängigen) Voraussetzungen für die Generierung tätigkeitsbezogener Anreize zunächst auf einen *strukturellen Vorsprung* zugunsten kleinerer und mittlerer Unternehmen hindeuten. Ob bzw. inwieweit sich dieser Vorsprung aber letztlich auch tatsächlich in einer im Vergleich zu Großbetrieben motivierenderen Arbeits- und Aufgabengestaltung von KMU niederschlägt, lässt sich auf der Grundlage unserer theoretischen Argumentation nicht abschließend beantworten. Vergegenwärtigt man sich etwa die Vielfalt entsprechender Gestaltungsmaßnahmen und -konzepte (wie *job enlargement/enrichment*, *Teamarbeit, Projektorganisation*, *Zielvereinbarungen* etc.), so kann dies auch als ein Indiz dafür gewertet werden, dass viele große Unternehmen die angesprochene Problematik durchaus erkannt haben und z. T. erhebliche Ressourcen aufwenden, um innerhalb ihrer hochgradig spezialisierten und bürokratisierten Strukturen (leistungs-)motivierende Arbeitsbedingungen und Tätigkeitsprofile anbieten zu können.

Sozialcharakter: Soziale Anreize

Die dritte von uns betrachtete Kategorie betrieblicher Anreize bezieht sich auf die *sozialen Grundbedürfnisse* des Menschen und lenkt den Blick auf den lebensweltlichen Charakter von Organisationen. So unterhalten Arbeitnehmer üblicherweise auch an ihrem Arbeitsplatz eine Reihe (teils formal vorgegebener, teils frei gewählter) sozialer Beziehungen, deren spezifische Beschaffenheit sich – schon aufgrund der personalen Gebundenheit des „Produktionsfaktors Arbeit" – nicht ausschließlich an betrieblichen Erfordernissen und formalen Vorgaben orientiert, sondern stets auch durch die individuellen Ziele und Präferenzen, Werte und Motive der Interaktionspartner geprägt wird. Vor diesem Hintergrund kann dann beispielsweise aus dem Erleben gelungener professioneller Zusammenarbeit oder der erfahrenen Unterstützung durch Vorgesetzte und/oder Kollegen auch ein – über die bloße Erleichterung des Arbeitsvollzugs hinausreichender – Beitrag zur Befriedigung elementarer sozialer Bedürfnisse (wie *Wertschätzung*, *Zugehörigkeit*, *Anerkennung*, *Bestätigung* etc.) resultieren. Insofern ist auch der spezifischen *Qualität der sozialen Beziehungen am jeweiligen Arbeitsplatz* ein eigenständiges Motivationspotential mit entsprechender Anreizwirkung zuzuschreiben.

Inwiefern ist nun aber ein Einfluss der Unternehmensgröße auf die Qualität der betrieblichen Sozialbeziehungen zu erwarten? Wir haben im Zusammenhang mit der Erörterung größenabhängiger Handlungsvoraussetzungen von Unternehmen bereits auf die gesteigerte Bedeutung des „persönlichen Elements" für die Ausgestaltung der Arbeitsbeziehungen in KMU hingewiesen. So erleichtern die vergleichsweise überschaubaren organisationalen Strukturen vieler kleiner und auch mittlerer Betriebe einen weitgehenden Verzicht auf den Einsatz standardisierter Verfahrenswege und bürokratischer Steuerungsmechanismen. Oftmals bestehen in KMU auch zwischen Mitarbeitern verschiedener Unternehmensbereiche und -abteilungen persönliche Kontakte und Beziehungen, die es ermöglichen über schnelle und direkte „face to face"-Abstimmung eine flexible Koordination übergreifender Aktivitäten zu gewährleisten (z. B. bei unerwartet auftretenden Problemen oder auch im Konfliktfall). Darüber hinaus erleichtert der geringere Hierarchisierungsgrad kleinerer Unternehmen aber auch den direkten Kontakt (und die Etablierung persönlicher Beziehungen) zwischen Mitarbeitern und den Angehörigen übergeordneter Hierarchieebenen – bis hin zur Unternehmensleitung. Anders, als etwa im Falle von Großunternehmen oder Konzernen, wo zwischen den Mitgliedern des Top-Managements und dem Gros der Belegschaft üblicherweise eine erhebliche soziale und auch räumliche Distanz besteht, ist die Geschäftsführung vieler KMU noch direkt in das operative Tagesgeschäft involviert. Auf diese Weise ergeben sich – gleichsam „nebenbei" – vielfältige Möglichkeiten für den persönlichen Kontakt, den unbürokratischen Austausch von Informationen, Ideen etc., und auch eine direkte Partizipation der Betroffenen an den organisationalen Entscheidungsprozessen wird erheblich erleichtert.

Zusammenfassend lässt sich somit zunächst festhalten, dass ihre größenbedingt anderen Handlungsvoraussetzungen (hier insbesondere der *betriebliche Sozialcharakter*) kleineren Unternehmen eine vergleichsweise günstige Ausgangsposition für die strukturelle Verankerung *sozialintegrativer* Mechanismen bietet. Aus den angesprochenen Möglichkeiten zur Ausgestaltung persönlicher und individualisierter Sozialbeziehungen – gerade auch über Bereichs- und Hierarchiegrenzen hinweg – ergeben sich wesentliche Ansatzpunkte für eine Befriedigung sozialer Bedürfnisse bis hin zur Etablierung einer *„gemeinschaftlichen Sozialordnung"* (Kotthoff/Reindl 1990).[11] Wie schon im Falle der Generierung tätigkeitsbezogener Anreize, muss aber einschränkend angeführt werden, dass auch die hier skizzierten Zusammenhänge zwischen Unternehmensgröße, Sozialcharakter und sozialer Bedürfnisbefriedigung keine generelle Überlegenheit kleiner und mittlerer Betriebe zum Ausdruck bringen, sondern lediglich auf deren größenbedingt günstigere Voraussetzungen für die Gewährung sozialer Anreize hindeuten. Aus der angesprochenen „Persönlichkeit" des sozialen Miteinanders in KMU ergeben sich zunächst vor allem grundlegende Gestaltungs*potentiale.* Ob und inwieweit diese Potentiale dann aber auch tatsächlich im Sinne eines gemeinschaftlichen, verständigungs- und vertrauensbasierten Betriebszusammenhangs (mit entsprechender sozialer Anreiz- und Bindungswirkung) genutzt werden, ist ganz maßgeblich von den im jeweiligen Einzelfall handelnden Personen abhängig (Matlay 1999).[12]

III. Anreizwirkungen – Konzepte und empirische Befunde

Die hier vorgenommene theoretische Erörterung des größenabhängigen Wandels zentraler organisationaler Handlungsvoraussetzungen und seiner Auswirkungen auf die Beschaffenheit betrieblicher Anreizstrukturen stützt zunächst einmal die eingangs vorgestellte These vom unterschiedlichen „Anreiz-Mix" großer und kleiner bzw. mittlerer Unternehmen. Während größere Betriebe aufgrund ihrer vergleichsweise besseren Ressourcenausstattung im Hinblick auf die Bereitstellung materieller Anreize gegenüber KMU offensichtlich im Vorteil sind, deuten die aus der geringeren Komplexität und dem persönlicheren Sozialcharakter erwachsenden strukturellen Kräfte bei der Ausgestaltung anreizfördernder Arbeitsbedingungen und -beziehungen tendenziell auf einen Vorsprung kleinerer Unternehmen hin. Welche Auswirkungen sind nun von den größenbedingt unterschiedlichen Anreizstrukturen auf das Mitarbeiterverhalten zu erwarten?

In der einschlägigen Literatur findet eine Reihe verschiedener Konzepte und Konstrukte Verwendung, um die arbeitnehmerseitigen Teilnahme- und Leistungsentscheidungen abzubilden. So wird etwa das *Teilnahme*verhalten häufig (negativ) über unterschiedliche Facetten des Rückzugs operationalisiert (z. B. *innere Kündigung*, *Absentismus* oder *Fluktuation*), und auch bei der Messung des *Leistungs*aspekts wird z. T. versucht, auf (quasi-)objektive Größen wie *Arbeitsproduktivität*, *Gruppenleistung*, *Leistungsbeurteilungen* durch Vorgesetzte oder – eher mittelbar – auch unterschiedliche Indikatoren des übergeordneten *Unternehmenserfolgs* zurückzugreifen. Allerdings unterliegt die Messung von Anreizwirkungen über die angeführten, vergleichsweise konkreten Verhaltens*ergebnisse* in der Regel erheblichen branchen- und tätigkeitsspezifischen Einflüssen und ist daher oftmals mit dem Problem mangelnder *inter-organisationaler* Vergleichbarkeit verbunden.[13] Eine alternative Herangehensweise besteht daher in der Erfassung entsprechender psychologischer Erlebensmaße und Verhaltensdispositionen, denen für das tatsächliche Mitarbeiterverhalten wenn auch keine unmittelbar determinierende, so doch eine nicht unerhebliche prägende Kraft zukommt. Die beiden wohl prominentesten Konstrukte, auf die in der arbeits- und organisationspsychologischen Literatur im Zusammenhang mit der Wirkungsweise unterschiedlicher betrieblicher Anreizkategorien Bezug genommen wird, sind die *Arbeitszufriedenheit* und das *(affektive) Commitment.*

Die *Arbeitszufriedenheit* (AZ) markiert traditionell das zentrale Konzept der „Organizational Behavior"-Forschung (Büssing 2004). Dem Gros der zahlenmäßig kaum mehr zu überschauenden Forschungsarbeiten auf dem Gebiet der Arbeitszufriedenheitsforschung liegt dabei ein Begriffsverständnis zugrunde, demzufolge die AZ die Einstellung eines Mitarbeiters gegenüber seiner Gesamtarbeitssituation (bzw. gegenüber verschiedenen relevanten Teilaspekten derselben) widerspiegelt (Felfe/Six 2006). Hinsichtlich der Entstehung von AZ belegen empirische Studien sowohl für die *materiellen* Anreize (z. B. die absolute *Lohnhöhe*, die wahrgenommene *Lohngerechtigkeit*), als auch für *tätigkeitsbezogene* und *soziale* Anreizkategorien regelmäßig einen deutlich positiven Einfluss auf das Ausmaß der angegebenen Arbeitszufriedenheit (vgl. etwa die Übersichten bei Fried/Ferris 1987, Podsakoff/McKenzie/Bommer 1996, Spector 1997). Allerdings fällt auf, dass die überwiegende Mehrheit einschlägiger empirischer Untersuchungen dem *emotionalen Ursprung* menschlicher Zufriedenheit bestenfalls bedingt Rechung trägt. So wird in den meisten Skalen, die üblicherweise zur Messung der AZ verwendet werden, weniger die Gefühlskomponente, als vielmehr eine vornehmlich *kognitiv geprägte Beurteilung* von Arbeitssituationen und -erfahrungen erhoben (Brief 1998, Martin 2003, Weiss 2002).

Demgegenüber hebt die Messung des *affektiven Commitments* deutlich stärker auf die *emotionale* Verbundenheit der Mitarbeiter mit ihrem arbeitgebenden Unternehmen ab (Meyer/Allen 1991 und 1997, Moser 1996, Weller 2003). Affektives Commitment (AC) beschreibt gewissermaßen ein „psychologisches Band" zwischen Akteur und Organisation, das maßgeblich durch eine Verinnerlichung organisationaler Werte und Ziele und eine über das (arbeits-)vertraglich vereinbarte Maß hinausreichende, proaktive Loyalität seitens der Beschäftigten gekennzeichnet ist. Es ist daher wenig überraschend, dass den materiellen Anreizen für die Herausbildung affektiven Commitments eine deutlich geringere Bedeutung zukommt als im Falle der AZ. Stattdessen ergeben sich bei der emotionalen Verbundenheit höhere Korrelationen für die tätigkeitsbezogenen Anreizaspekte und auch für die unterschiedlichen Facetten sozialer Anreize (vgl. hierzu die Übersichten bei Mathieu/Zajac 1990 oder auch die zusammenfassende Gegenüberstellung bei Felfe/Six 2006).

Empirische Befunde

Die beiden Konstrukte *Arbeitszufriedenheit* und *Affektives Commitment* weisen zweifelsfrei eine gewisse „konzeptionelle Verwandtschaft" auf.[14] Dies belegen nicht zuletzt auch die in empirischen Studien regelmäßig beobachtbaren hohen Zusammenhangsmaße zwischen beiden Größen. So ermitteln etwa Mathieu/Zajac (1990) in ihrer Meta-Analyse einen durchschnittlichen Zusammenhang zwischen AZ und Affektivem Commitment von (p=.69), bei Meyer et. al. (2002) liegt der entsprechende Wert bei (p=.65). Wie bereits angedeutet, besteht allerdings ein wesentlicher Unterschied in der Schwerpunktsetzung der jeweils eingesetzten empirischen Erhebungsinstrumente (*kognitiv* bei der AZ bzw. *emotional* beim AC), der sich auch in der Korrelation zwischen verschiedenen Zufriedenheitsaspekten und affektivem Commitment widerspiegelt. So zeigt sich zwischen dem AC und der *Zufriedenheit mit der Arbeitsaufgabe* eine durchschnittliche Korrelation von (p=.62), wohingegen der entsprechende Wert für die *Lohnzufriedenheit* lediglich (p=.35) beträgt (Meyer et. a. 2002).

Auch hinsichtlich ihres Zusammenhangs mit zentralen personalwirtschaftlichen Erfolgsindikatoren offenbaren die vorliegenden empirischen Befunde gewisse Unterschiede zwischen Arbeitszufriedenheit und Commitment. Bezogen auf das *Leistungs*verhalten der Mitarbeiter zeigt sich dabei tendenziell ein etwas stärkerer Zusammenhang zwischen der AZ und der *Arbeitsleistung*. Allerdings bewegen sich die Korrelationen hier insgesamt auf dem bekannt niedrigen Niveau (und unterliegen zudem erheblichen Schwankungen etwa in Abhängigkeit von der Komplexität der Arbeitsaufgabe oder auch der befragten Berufsgruppen).[15] Angesichts der je nach Tätigkeit mehr oder weniger ausgeprägten betrieblichen Restriktionen, welche den Zusammenhang zwischen Arbeitsleistung und Zufriedenheit bzw. Commitment oftmals beschränken, wird in empirischen Studien mit dem *Organizational Citizenship Behavior* (OCB) vielfach noch ein zweites Leistungsmaß erhoben, das explizit solche Verhaltensaspekte thematisiert, die über die vorgegebenen Rollenerwartungen am Arbeitsplatz hinausreichen (so genanntes *Extra-Rollenverhalten*). Den argumentativen Ausgangspunkt der OCB-Forschung bildet dabei die Überlegung, dass die Funktionsfähigkeit bzw. der Erfolg von Organisationen weniger durch den rollenkonformen „Dienst nach Vorschrift", als vielmehr durch ein freiwilliges, die arbeitsvertraglichen Bestimmungen transzendierendes Arbeitsengagement der Mitarbeiter beeinflusst wird (Bateman/Organ 1983, Müller/Bierhoff 1994). Anders, als im Falle des *In-Role-Verhaltens,* zeigt sich hier üblicherweise ein im Vergleich zur AZ signifikant stärkerer Zusammenhang zwischen affektivem Commitment und OCB (vgl. die Zusammenstellung empirischer Befunde bei Felfe/Six 2006). Auch bezogen auf die *Teilnahme*entscheidung der Beschäftigten zeigen sich gewisse Unterschiede, die eine analytische Trennung von Arbeitszufriedenheit und affektivem Commitment gerechtfertigt erscheinen lassen (Meyer et. al. 2002). So sind zwar die ermittelten Korrelationen für tatsächliche *Fluktuation* (p = -.20 bzw. -.17) und *Absentismus* (p = -.12 bzw. -.15) insgesamt auf einem vergleichbaren Niveau angesiedelt. Hinsichtlich der bekundeten Fluktuations*absicht* und auch für den *freiwilligen* Absentismus deuten die Befunde aber auf einen stärkeren Einfluss des affektiven Commitments hin.[16]

Zusammenfassend lässt sich somit festhalten, dass a) sowohl die Arbeitszufriedenheit als auch die emotionale Verbundenheit der Beschäftigten (AC) durch die von uns unterschiedenen Anreizkategorien maßgeblich beeinflusst werden, und b) beiden Konstrukten im Hinblick auf wesentliche Aspekte des mitarbeiterseitigen Teilnahme- und Leistungsverhaltens eine nicht unerhebliche Erklärungskraft beizumessen ist. Sie scheinen daher auch für eine Wirkungsanalyse betriebsgrößenbedingt unterschiedlicher Anreizstrukturen grundsätzlich geeignet.

IV. Zusammenfassung

Im Lichte der bislang angestellten theoretischen Überlegungen lässt sich vor allem Eines festhalten: Zwischen der Unternehmensgröße und der Beschaffenheit bzw. Wirkungsweise betrieblicher Anreizstrukturen besteht ein ausgesprochen komplexes Gefüge von (potentiellen) Einflussbeziehungen. So resultieren aus den größenabhängig verschiedenen Handlungsvoraussetzungen von Großunternehmen und KMU auch im Hinblick auf die Gestaltungs*potentiale* zentraler betrieblicher Anreizkategorien einige grundlegende Unterschiede. Diese deuten tendenziell darauf hin, dass sich kleinere Betriebe zwar bezüglich des Angebots *materieller* Anreize einem strukturellen Defizit gegenübersehen, andererseits aber – aufgrund ihrer geringeren Komplexität und ihres spezifischen Sozialcharakters – über vergleichsweise günstige Ausgangsvoraussetzungen für die Generierung motivierender Arbeitsbedingungen und -beziehungen verfügen. Insofern erfährt die eingangs unseres Beitrags vorgestellte These bzgl. des größenbedingt unterschiedlichen Anreizportfolios von KMU und Großunternehmen durch die vorgenommene theoretische Analyse vorläufig eine gewisse Bestätigung.

Für eine fundierte Beantwortung der Frage nach den (personalwirtschaftlichen) Konsequenzen unterschiedlicher Anreizstrukturen wurden mit der *Arbeitszufriedenheit* und dem *affektiven Commitment* zwei zentrale Konzepte aus dem Bereich der „Organizational Behavior"-Forschung aufgegriffen und näher beleuchtet. Über die Anbindung der hier skizzierten Unterschiede in den betrieblichen Anreizstrukturen von KMU und Großunternehmen an einschlägige Einsichten der Motivationsforschung lassen sich dabei zwei grundsätzliche Verhaltenseffekte differenzieren: So ist einerseits davon auszugehen, dass Arbeitnehmer in Großunternehmen höhere Zufriedenheitswerte aufweisen als ihre Kollegen in KMU. Dies begründet sich primär aus dem – relativ gesehen – starken Zusammenhang zwischen Lohnhöhe, Lohnzufriedenheit und allgemeiner Arbeitszufriedenheit. Für die Entstehung affektiven Commitment seitens der Mitarbeiter ist das materielle Anreizangebot hingegen von eher nachrangiger Bedeutung. Die emotionale Bindung der Beschäftigten an „ihr Unternehmen" wird vorrangig durch die Beschaffenheit *immaterieller* Anreize beeinflusst. Sie dürfte daher tendenziell in KMU ausgeprägter sein als in Großbetrieben.

C. Empirie

Auf der Grundlage der angestellten theoretischen Überlegungen werden im Folgenden einige wesentliche Befunde der *Lüneburger Arbeitnehmerbefragung 2005/06* (LAB) vorgestellt. Die vorliegenden Untersuchungsergebnisse entstammen einer in zwei Wellen durchgeführten Online-Befragung unter Arbeitnehmern aus höher qualifizierten Dienstleistungsberufen.[17] Vorrangige Zielsetzung dieser explorativen Vergleichsstudie war es, die gerade auch in der betrieblichen Praxis weit verbreitete Annahme größenabhängig unterschiedlicher Anreizbedingungen von KMU und Großunternehmen einer systematischen Überprüfung zu unterziehen.

I. Die Studie

Sieht man einmal von den eher grobmaschigen Befunden der eingangs unseres Beitrags angeführten Repräsentativerhebungen ab, so lässt sich für die wenigen bislang vorliegenden Studien zum Einfluss der Unternehmensgröße auf die Arbeitszufriedenheit bzw. das affektive Commitment ein grundlegendes methodisches Problem ausmachen: Denn in aller Regel bleibt die Auswahl der befragten Arbeitnehmer (zumindest) aus Großbetrieben auf einige wenige Untersuchungsbetriebe beschränkt (vgl. Curran/Stanworth 1981). Dies hat unweigerlich zur Folge, dass die ermittelten Ausprägungen sowohl der Anreizwirkungen als auch ihrer Antezedenzen in nicht unerheblichem Maße durch die Beschaffenheit *betriebsspezifischer* Einflussgrößen (wie etwa die jeweilige Unternehmenskultur) geprägt werden, die eigentlich interessierenden *größen*bedingten Unterschiede aufgrund der geringen Fallzahl aber nicht angemessen abgebildet werden können. Um diesem Problem zu begegnen und eine möglichst breite Streuung arbeitgebender Unternehmen zu gewährleisten, wurde für die LAB eine andere Vorgehensweise gewählt. Die Erhebung der Daten erfolgte im Rahmen zweier als *Forschungsseminare* konzipierter Lehrveranstaltungen, in deren Verlauf die Seminarteilnehmer aktiv in den Prozess der Datenerhebung eingebunden wurden und über den Rückgriff auf ihre sozialen Netzwerke (und unter Berücksichtigung bestimmter Quotierungen) Probanden für die Beantwortung des Fragebogens zu gewinnen suchten.[18] Durch die persönliche Ansprache potentieller Befragungsteilnehmer konnten die Angaben von insgesamt 598 Beschäftigten erhoben werden (dies entspricht angesichts einer Gesamtzahl von 1010 per Mail versandten Log-Ins einer bereinigten Rücklaufquote von 59,2%).[19] In Tabelle 1 ist die Verteilung der Stichprobe auf die EU-Größenklassen wiedergegeben.

Tab. 1: Unternehmensgröße und Stichprobenverteilung

	Häufigkeit	**Prozent**
Großbetriebe (250 und mehr MA)	337	**56,4**
Mittelbetriebe (50 bis 249 MA)	129	**21,6**
Kleinbetriebe (bis 49 MA)	132	**22,0**
davon Mikrounternehmen (weniger als 5 MA)	9	1,5
davon Kleinstunternehmen (6 bis 9 MA)	29	4,8
Gesamt	598	100,0

Im Hinblick auf die Branchenzugehörigkeit der arbeitgebenden Unternehmen sowie die beruflichen Tätigkeiten der Befragten zeigt sich – wie gewünscht – ein ausgesprochen heterogenes Bild (vgl. Tabelle 2).

Tab. 2: Stichprobenverteilung nach Branchen und Berufen

Branchen	**Prozent**	**Berufe**	**Prozent**
Finanzdienstleistung/ Versicherung	19	Organisation/Verwaltung/Recht	21
Verkehr/Logistik	10	Finanzen/Controlling/Banking	16
Industrie	9	Vertrieb/Verkauf	9
Medien/Werbung/Marketing	9	Personalwesen	7
Handel	9	Einkauf/Logistik/ Materialwirtschaft	7
Consulting	8	Consulting	6
IT/Telekommunikation	5	Redaktion/Dokumentation/ Gestaltung	5
Gesundheitswesen	3	IT/Telekommunikation	4
Pharma/Chemie	3	Marketing/PR	4
Tourismus/Gastronomie	3	Technische Berufe	4
Bau	3	Gesundheitswesen	3
Sonstige	19	Sonstige	14
Gesamt	100		100

Tabelle 3 gibt einen Überblick über die demographische Zusammensetzung der Stichprobe. Knapp drei Viertel der Befragten arbeiten als Vollzeitangestellte, und nahezu alle verfügen über eine qualifizierte Berufsausbildung – was angesichts der vorgenommenen Eingrenzung auf höher qualifizierte Dienstleistungsberufe nicht überrascht. Der relativ hohe Anteil jüngerer Arbeitnehmer dürfte schließlich auf die gewählte Vorgehensweise bei der Rekrutierung der Probanden zurückzuführen sein.

Tab. 3: Demographische Merkmale der Stichprobe

Position	**12,2%** Mittleres Management, **73,6%** Vollzeitangestellte, **9,5%** Teilzeitangestellte, **4,7%** Sonstiges
Qualifikation	**49,3%** Hochschulabschluss, **38,3%** Lehre, **10,5%** Meister/Fachschule, **1,8%** Keine
Geschlecht	**42%** Frauen, **58%** Männer
Alter	**50,0%** bis 29 Jahre, **27,4%** 30 bis 39 J., **11,9%** 40 bis 49 J., **10,7%** 50 J. oder älter
Betriebszugehörigkeitsdauer	**18,3%** bis 1 Jahr, **24,7%** 2 bis 3 J., **20,0%** 4 bis 5 J., **36,9%** 6 und mehr J.

II. Methodik

Der eingesetzte Onlinefragebogen enthielt – neben einigen allgemeinen Fragen zur Person sowie zum arbeitgebenden Unternehmen – Items zur Beschaffenheit betrieblicher Anreize, zu den verschiedenen Facetten der Arbeitszufriedenheit sowie zum affektiven Commitment der Beschäftigten.[20] Zur Erfassung der unterschiedenen Anreizkategorien und -wirkungen kamen nahezu ausschließlich geprüfte und in der Personal- bzw. Organisationsforschung bewährte Indices zum Einsatz, wobei das Format für die verwendeten Items weitgehend einheitlich auf 7-stufige-Likert-Skalen angepasst wurde.[21]

Die Erfassung der Beschaffenheit *materieller Anreize* erfolgte über die Abfrage des durchschnittlichen Brutto- und Netto-Monatseinkommens (eingeteilt in fünf Einkommensklassen) sowie über die Messung der subjektiv empfundenen Lohnzufriedenheit. Darüber hinaus wurden auch zentrale betriebliche Zusatzanreize (z. B. variable Vergütungsbestandteile, Altersvorsorge) sowie die subjektive Einschätzung der Beschäftigungssicherheit erhoben.

Die Berechnung des *tätigkeitsbezogenen Motivationspotentials* basiert auf Fragen aus dem *Job Diagnostic Survey* von Hackman/Oldham (1975) (3 Items zur *Autonomie*, 3 Items zur *Bedeutung* sowie ein Item zum *Feedback*).[22] Für die Berücksichtigung der sozialen Tätigkeits- bzw. Arbeitsplatzdimensionen wurden zudem vier Items zur Beurteilung organisationaler Entscheidungsprozesse (Taylor/Bowers 1972) sowie drei Items zur Bewertung der Arbeitsplatzausstattung („Resource Adequacy“ bei Quinn/Staines 1979) in den Fragebogen aufgenommen. Bei der Erhebung der *sozialen Anreizkategorien* wurden drei Beziehungsebenen differenziert: Die Beurteilung der *Beziehung zum arbeitgebenden*

Unternehmen stützt sich auf fünf Items des „Perceived Organizational Support"-Questionnaires von Eisenberger et. al. (1986, zum Konstrukt siehe auch Rhoades/Eisenberger 2002). Für die Ermittlung der *Beziehungsqualität zum Vorgesetzten* wurden sechs Items (je zwei zu den Dimensionen: *affect*, *loyalty* und *respect*) des „Deutschen Leader-Member-Exchange" (LMX) nach Liden/Maslyn (1988) ausgewählt. Die Items zur Bewertung der *Kollegenbeziehungen* (je drei zum *Zusammenhalt* und zur *sozialen Unterstützung*) entstammen schließlich der „Team-Member-Exchange-Skala" (TMX) nach Seers (Seers 1989, Seers/Petty/Cashman1995):

Die Beurteilung der *Arbeitszufriedenheit* wurde anhand von Items abgefragt, die sich am Arbeitsbeschreibungsbogen von Neuberger/Allerbeck (1975) orientieren. Dabei wurden Bewertungen zu insgesamt neun verschiedenen Zufriedenheitsaspekten (Bezahlung, Tätigkeit, Arbeitsorganisation, Entwicklungsmöglichkeiten, Abwechslungsreichtum, Arbeitsbedingungen, Kollegen, Vorgesetzter, Feedback) sowie abschließend eine Beuteilung der Gesamtzufriedenheit erfragt. Für die Einschätzung der *emotionalen Verbundenheit* der Befragten mit ihrem arbeitgebenden Unternehmen wurden schließlich sechs Items der deutschsprachigen Skala zum affektiven Commitment von Schmidt/Hollmann/Sodenkamp (1998) ausgewählt, die sich wiederum auf die Original-Skala von Allen/Meyer (1990) stützt. Eine entsprechende Reliabilitätsprüfung für die verwendeten Skalen ergab Cronbachs Alpha-Werte zwischen .70 und .92 (siehe Tabelle 14 im Anhang).

III. Ergebnisse

Im Folgenden wird zunächst ein Überblick über die größenabhängige Beschaffenheit der materiellen, tätigkeitsbezogenen und sozialen Anreize gegeben. Anschließend werden die von uns betrachteten Anreizwirkungen (AZ und AC) anhand von Mittelwertvergleichen und bivriaten Zusammenhängen hinsichtlich einer Beeinflussung durch die Unternehmensgröße analysiert. Um schließlich zu überprüfen, ob den verschiedenen Anreizkategorien möglicherweise eine größenbedingt unterschiedliche *relative* Bedeutung für die Herausbildung von Arbeitszufriedenheit bzw. emotionaler Verbundenheit zukommt, werden noch die entsprechenden standardisierten Regressionskoeffizienten von Klein-, Mittel- und Großunternehmen gegenübergestellt.[23]

1. Anreize

Materielle Anreize

Zunächst einmal kann festgehalten werden, dass der eingangs unseres Beitrags vorgestellte Befund eines positiven Zusammenhangs zwischen Unternehmensgröße und Lohnniveau auch durch die vorliegende Untersuchung bestätigt wird (Tabelle 4). So gibt über die Hälfte der Beschäftigten von Großunternehmen (55,3%) an, ein durchschnittliches Brutto-Monatseinkommen von mehr als 3000 € zu beziehen, wohingegen dies in Kleinbetrieben lediglich für 32,2%, in Mittelbetrieben sogar nur für 30,7% der Mitarbeiter zutrifft.[24] Ein ähnlich deutlicher Unterschied zeigt sich umgekehrt auch für Einkommen bis 2000 €.

Tab. 4: Betriebsgröße und Lohnniveau

Durchschnittliches Monatseinkommen (Brutto) *Vollzeitangestellte (n=440)*	**Kleinbetrieb**	**Mittelbetrieb**	**Großbetrieb**	**Gesamt**
Bis 1000 €	2,4%	3,4%	2,0%	2,4%
Über 1000 bis 2000 €	31,0%	20,5%	10,5%	16,7%
Über 2000 bis 3000 €	34,5%	45,5%	32,3%	35,5%
Über 3000 bis 4000 €	17,9%	19,3%	33,1%	27,1%
Über 4000 €	14,3%	11,4%	22,2%	18,3%

Weitere Unterstützung erfährt die These vom materiellen Anreizdefizit kleinerer Unternehmen zudem durch den Vergleich verschiedener geldwerter Zusatzkomponenten (Tabelle 5). Auch hier offenbart sich durchweg ein Vorsprung großer Unternehmen.[25]

Tab. 5: Betriebsgröße und materielle Zusatzkomponenten

Materielle Anreize *Vollzeitangestellte (n=440)*	**Kleinbetrieb**	**Mittelbetrieb**	**Großbetrieb**	**Gesamt**
Festgehalt	89,5%	96,9%	95,3%	94,5%
Variable Vergütung				
… auf Basis der individuellen Leistung	34,1%	33,7%	42,3%	38,8%
… auf Basis der Team-/Abteilungsleistung	4,7%	14,7%	22,5%	17,3%
… auf Basis der Unternehmensleistung	23,5%	26,0%	47,2%	37,9%
Altersvorsorge	32,9%	60,0%	78,0%	65,3%
Kapitalbeteiligung	2,4%	7,4%	22,6%	15,3%
Zinsgünstige Kredite	3,5%	24,2%	34,7%	26,2%

Im Zuge unserer theoretischen Erörterung größenbedingt unterschiedlicher Handlungsvoraussetzungen von Unternehmen (Abschnitt I) wurde insbesondere ihre vergleichsweise *schwächere Ressourcenausstattung* als zentrale Ursache für das strukturelle Defizit kleinerer Unternehmen bei der Gewährung materieller Anreize angeführt. Diese schlägt sich nicht nur im Lohnniveau nieder, sie zeigt sich auch deutlich im organisatorischen bzw. administrativen Aufwand, den Unternehmen unterschiedlicher Größe bei der Bearbeitung ihrer personalwirtschaftlichen Gestaltungsfelder betreiben (Tabelle 6). Hier manifestiert sich zugleich auch der größenabhängige Einfluss der zweiten von uns angeführten Handlungsvoraussetzung *Komplexität*. Wie bereits ausgeführt, spiegelt diese sich in einer wachstumsinduzierten Ausdifferenzierung organisationaler Strukturen in funktional spezialisierte Teilbereiche wider: Während praktisch alle Großunternehmen (und immerhin noch knapp 70% der Mittelbetriebe) bei der Bewältigung ihrer personalwirtschaftlichen Funktionsanforderungen auf eine eigenständige Personalabteilung zurückgreifen, sinkt dieser Wert für Kleinbetriebe deutlich auf gerade noch 13%.

Tab. 6: Betriebsgröße und formale Institutionalisierung der Personalarbeit

Es verfügen über…	**Klein-betrieb**	**Mittel-betrieb**	**Groß-betrieb**	**Gesamt**
eigenständige **Personalabteilung**	12,9%	69,8%	98,8%	73,6%
Schriftlich fixiertes **Unternehmensleitbild/Vision**	29,2%	52,4%	84,5%	65,5%
Schriftlich fixierte **Unternehmensstrategie**	26,4%	52,8%	83,6%	64,6%
Schriftlich fixierte **Personalmanagementstrategie**	3,9%	21,0%	58,8%	38,8%
Schriftlich fixierte **Personalentwicklungsstrategie**	4,7%	24,0%	64,2%	42,6%

Tätigkeitsbezogene Anreize

Anders als erwartet, scheint die größenbedingt zunehmende funktionale Spezialisierung aber nicht zu einem Rückgang des tätigkeitsbezogenen Motivationspotentials zu führen. Sowohl bei den einzelnen Tätigkeitsdimensionen als auch für die erhobenen Aspekte der sozialen Einbettung von Arbeitsplätzen liegen die entsprechenden Mittelwerte – über alle Größenklassen hinweg – auf einem vergleichbar hohen Niveau.[26] Folglich lassen sich praktisch keine nennenswerten bivariaten Zusammenhänge zwischen der Unternehmensgröße und den verschiedenen tätigkeitsbezogenen Anreizen ermitteln (Tabelle 7).

Tab. 7: Unternehmensgröße und tätigkeitsbezogene Anreize

Korrelation: **Unternehmensgröße und…** ***Nur Vollzeitangestellte (n=440)***	
Autonomie	-,004
Bedeutung der Arbeit	-,015
Feedback	,034
Motivation Potential Score	,009
Organisation	,098*
Entscheidungsfindung	-,118*

* Die Korrelation ist auf dem Niveau von 0,05 (2-seitig) signifikant

Soziale Anreize

Auch die weit verbreitete These von der „besonderen sozialen Qualität" des betrieblichen Miteinanders in KMU erfährt durch die Ergebnisse unserer Studie zunächst keine Bestätigung. Wie die angeführten Mittelwerte in Tabelle 8 erkennen lassen, beurteilen die befragten Arbeitnehmer ihre sozialen Beziehungen am Arbeitsplatz insgesamt recht positiv. Weder die empfundene *organisationale Unterstützung* (r = -.03) noch die *Kollegenbeziehungen* (r = .04) stehen dabei in einem bivariaten Zusammenhang zur Unternehmensgröße (vgl. Tabelle 15 im Anhang). Im Falle der *Beziehung zum Vorgesetzten* lässt sich sogar mit steigender Größe ein – allerdings recht schwacher – Qualitätszuwachs konstatieren (r = .12).

Tab. 8: Unternehmensgröße und Soziale Anreize – Mittelwertvergleich

Mittelwerte *Nur Vollzeitangestellte (n=440)*	**Kleinbetrieb**	**Mittelbetrieb**	**Großbetrieb**	**Gesamt**
Organisationale Unterstützung (POS)	4,76	4,55	4,63	4,64
Beziehung Vorgesetzter (LMX)	5,00	5,07	5,34	5,21
Beziehung Kollegen (TMX)	5,26	5,25	5,35	5,31

(Werte können Ausprägungen zwischen 1 und 7 annehmen)

Für den in Abschnitt I theoretisch begründeten, größenabhängigen Wandel des *betrieblichen Sozialcharakters* liefern die vorliegenden Daten aber dennoch einige aufschlussreiche Hinweise. So deuten die sukzessive schwächer werdenden Korrelationen zwischen der wahrgenommenen *organisationalen Unterstützung* (POS) und der *Qualität der Beziehung zum Vorgesetzten* (LMX) darauf hin, dass die Beschäftigten in kleineren Unternehmen weniger stark zwischen Unternehmensleitung und direktem Vorgesetzten differenzieren (müssen) als ihre Kollegen in größeren Unternehmen, wo der direkte Vorgesetzte in der Regel den Posten eines Team- oder Abteilungsleiters innehat und nicht unmittelbar der Unternehmensleitung angehört (Tabelle 9).

Tab. 9: Zusammenhang zwischen POS und LMX in Abhängigkeit von der Unternehmensgröße

Korrelation: **Organisationale Unterstützung und LMX** *Nur Vollzeitangestellte (n=440)*	*Kleinbetriebe*	*Mittelbetriebe*	*Großbetriebe*
	,666**	,518**	,449**

** Die Korrelation ist auf dem Niveau von 0,01 (2-seitig) signifikant

2. Anreizwirkungen

Der strukturelle Vorsprung großer Unternehmen bei der Gewährung materieller Anreize sowie der offensichtlich geringe Einfluss der Unternehmensgröße auf die Beschaffenheit immaterieler Anreizfaktoren spiegeln sich schließlich auch in den Ausprägungen der von uns betrachteten Anreizwirkungen wider. Im Einklang mit den einschlägigen empirischen Befunden der Zufriedenheits- und Commitment-Forschung ergibt sich für die vorliegende Stichprobe zunächst einmal eine deutliche Korrelation zwischen der Lohnzufriedenheit und den Gesamtzufriedenheitsurteilen der Mitarbeiter (r = .61**). Angesichts der vergleichsweise besseren Verdienstmöglichkeiten in Großunternehmen lässt sich daher auch ein leichter positiver Zusammenhang zwischen Unternehmensgröße und Arbeitszufriedenheit konstatieren (Tabelle 10). Da die emotionale Verbundenheit der Beschäftigten – wie bereits dargelegt – in weitaus geringerem Maße von der Beschaffenheit materieller Anreize beeinflusst wird (hier sinkt bspw. die Korrelation mit der Lohnzufriedenheit auf r = .35**), zeigt sich aber kein Zusammenhang zwischen der Betriebsgröße und dem Ausmaß des affektiven Commitments.[27] Dies bestätigt sich auch beim Vergleich der erhobenen Mittelwerte für die betrachteten Anreizwirkungen (Tabelle 16 im Anhang). Hier fällt zudem auf, dass offensichtlich vor allem die Arbeitnehmer in Mittelbetrieben eine vergleichsweise geringe *materielle Zufriedenheit* aufweisen.

Tab. 10: Unternehmensgröße und Anreizwirkungen

Korrelation: Unternehmensgröße und... ***Nur Vollzeitangestellte (n=440)***	*Arbeits-zufriedenheit*	*Lohn-zufriedenheit*	*Zufriedenheit mit Entwicklungs-möglichkeiten*	*Affektives Commitment*
	,145**	,184**	,135*	,030

* Die Korrelation ist auf dem Niveau von 0,05 (2-seitig) signifikant
** Die Korrelation ist auf dem Niveau von 0,01 (2-seitig) signifikant

Über die Berechnung entsprechender Regressionsmodelle wurde schließlich überprüft, inwieweit gegebenenfalls den verschiedenen Anreizkategorien – in Abhängigkeit von der Unternehmensgröße – ein unterschiedlicher *relativer* Einfluss auf die Zufriedenheit bzw. Verbundenheit der befragten Arbeitnehmer beizumessen ist (Tabelle 11 und Tabelle 12).

Im Hinblick auf die *Arbeitszufriedenheit* bestätigen auch die Ergebnisse der multiplen Regressionsanalyse durchweg die besondere Bedeutung *materieller* Anreizkomponenten. So beträgt etwa der β-Wert der Gesamtstichprobe für die *Lohnzufriedenheit* (β = .30). Dabei lässt sich zudem feststellen, dass die Zufriedenheit mit der Bezahlung insbesondere in mittleren und großen Unternehmen eine wichtige Rolle spielt. Für die *tätigkeitsbezogenen* Anreize zeigt sich ein etwas differenzierteres Bild. Während sich diesbezüglich für die Beschäftigten in Mittelbetrieben praktisch keine nennenswerten Zusammenhänge beobachten lassen, entfalten in Großunternehmen vor allem *Aspekte der Arbeits- und Aufgabengestaltung*, in Kleinbetrieben hingegen die bestehenden *Partizipationsmöglichkeiten* eine zufriedenheitsstiftende Wirkung. Die Ergebnisse für die *sozialen* Anreizkategorien zeigen an, dass in Kleinbetrieben vornehmlich die *Arbeitgeber-Arbeitnehmer-Beziehung* einen Einfluss auf die AZ haben, wohingegen in Mittel- und Großbetrieben diesbezüglich eher *den persönlichen Beziehungen zum Vorgesetzten und den Kollegen* eine gewisse Erklärungskraft beigemessen werden kann.

Die Analyse des *affektiven Commitments* zeigt zunächst einmal deutlich die im Vergleich zur Zufriedenheit geringere Relevanz *unmittelbar geldwerter Anreize*. Hier lässt sich kein nennenswerter Einfluss der *Lohnzufriedenheit* mehr ausmachen. Demgegenüber

Tab. 11: Unternehmensgröße und Arbeitszufriedenheit – Multiple Regression

Regression *Arbeitszufriedenheit* *Nur Vollzeitangestellte (n=440)*	**Klein-betrieb**	**Mittel-betrieb**	**Groß-betrieb**	**Gesamt**
R^2 (korrigiert)	**,62**	**,54**	**,61**	**,60**
β Lohnzufriedenheit	,214 *(,018)*	,429 *(,000)*	,316 *(,000)*	,300 *(,000)*
β Entwicklungszufriedenheit	,065 *(,491)*	,289 *(,003)*	,264 *(,000)*	,211 *(,000)*
β Motivationspotential Tätigkeit	-,001 *(,989)*	,037 *(,650)*	,146 *(,004)*	,091 *(,016)*
β Organisation	,125 *(,190)*	,065 *(,501)*	,130 *(,015)*	,107 *(,008)*
β Entscheidungsfindung	,229 *(,018)*	-,035 *(,737)*	,002 *(,966)*	,043 *(,307)*
β POS	,250 *(,023)*	-,020 *(,870)*	,064 *(,273)*	,130 *(,005)*
β LMX	,183 *(,058)*	,145 *(,128)*	,144 *(,004)*	,156 *(,000)*
β TMX	-,007 *(,929)*	,109 *(,254)*	,121 *(,015)*	,065 *(,084)*
β Qualifikation	,034 *(,653)*	-,004 *(,959)*	,003 *(,947)*	,016 *(,636)*
β Betriebszugehörigkeitsdauer	,053 *(,502)*	,008 *(,913)*	,026 *(,572)*	,047 *(,157)*

(Werte in Klammern: Signifikanz)

fällt allerdings die besondere Bedeutung, die gerade die Beschäftigten in Mittelbetrieben den ihnen gegebenen Entwicklungsperspektiven beimessen (und die ja mittelfristig oftmals auch eine Auswirkung auf die Entlohnung zeitigen), ins Auge. Etwas überraschend ist allerdings der im Falle des AC insgesamt ausgesprochen schwache Erklärungsbeitrag der erhobenen *Tätigkeitsanreize*. Dagegen offenbart sich für die Mitarbeiter in kleinen und großen Betrieben deutlich die zentrale Bedeutung der *Qualität der sozialen Beziehungen* am Arbeitsplatz. Hier kommt – folgerichtig – vor allem der wahrgenommenen organisationalen Unterstützung ein besonderes Gewicht für das Ausmaß des AC zu.

Zwei weitere Befunde verdienen in diesem Zusammenhang noch Erwähnung: Zum einen deutet der gegenüber der Zufriedenheits-Regression geringere Anteil erklärter Varianz (R^2 = .39 gegenüber R^2 = .60 bei der AZ) darauf hin, dass der Generierung emotionaler Verbundenheit zum Unternehmen ein erheblich komplexeres Gefüge von Einflussfaktoren und Wirkungsbeziehungen zugrunde zu liegen scheint, als im Falle der vergleichsweise nüchternen Zufriedenheitsurteile. Zum anderen verdient auch der nicht unerhebliche Zusammenhang zwischen AC und Betriebszugehörigkeitsdauer besondere Beachtung (β = .23). Neben der Überlegung, dass die Herausbildung gefühlsmäßiger Bindungen zweifellos eines gewissen

Tab. 12: Unternehmensgröße und affektives Commitment – Multiple Regression

Regression *Affektives Commitment* *Nur Vollzeitangestellte (n=440)*	**Klein-betrieb**	**Mittel-betrieb**	**Groß-betrieb**	**Gesamt**
R^2 (korrigiert)	**,48**	**,41**	**,35**	**,39**
β Lohnzufriedenheit	,075 *(,467)*	-,075 *(,517)*	,108 *(,073)*	,042 *(,358)*
β Entwicklungszufriedenheit	,129 *(,239)*	,340 *(,003)*	,052 *(,424)*	,132 *(,006)*
β Motivationspotential Tätigkeit	,036 *(,741)*	,036 *(,701)*	-,039 *(,548)*	-,008 *(,856)*
β Organisation	-,077 *(,488)*	,100 *(,366)*	-,065 *(,342)*	-,040 *(,424)*
β Entscheidungsfindung	-,086 *(,488)*	,111 *(,353)*	,114 *(,122)*	,064 *(,222)*
β POS	,330 *(,010)*	,173 *(,221)*	,330 *(,000)*	,302 *(,000)*
β LMX	,191 *(,087)*	,158 *(,148)*	,119 *(,066)*	,150 *(,002)*
β TMX	,282 *(,003)*	-,105 *(,341)*	,150 *(,018)*	,127 *(,006)*
β Qualifikation	-,029 *(,742)*	,062 *(,474)*	-,016 *(,784)*	-,011 *(,778)*
β Betriebszugehörigkeitsdauer	,237 *(,011)*	,222 *(,013)*	,232 *(,000)*	,234 *(,000)*

(Werte in Klammern: Signifikanz)

Bestands an einschlägigen Erfahrungen am Arbeitsplatz bedarf, deutet dies auch auf eine zumindest mittelfristig wirksame Beeinflussung der arbeitnehmerseitigen Teilnahmeentscheidungen durch die Beschaffenheit der betriebsspezifischen Anreizstrukturen hin.

3. Fazit

Zusammenfassend lässt sich zunächst festhalten, dass die über alle Größenklassen hinweg relativ hohen Ausprägungen der erhobenen Anreize, Zufriedenheitsmaße und Verbundenheitseffekte insgesamt offensichtlich ein vergleichsweise positives Bild der Arbeitssituation von Beschäftigten in höher qualifizierten Dienstleistungsberufen zeichnen. Wie im Falle der angeführten Repräsentativerhebungen zeigt sich dabei allerdings auch für den vorliegenden Datensatz ein strukturelles Defizit kleinerer Unternehmen im Hinblick auf die Beschaffenheit materieller Anreize. Dieses Defizit wirkt sich auf das Ausmaß der angegebenen Arbeitszufriedenheit – jedoch nicht auf die emotionale Verbundenheit! – der Beschäftigten aus. Ein entsprechender struktureller Vorteil kleinerer Betriebe bei der Gewährung tätigkeitsbezogener und/oder sozialer Anreize kann aber kaum beobachtet werden. Es lässt sich somit feststellen, dass die eingangs unseres Beitrags vorgestellte These von der *kompensatorischen Wirkung immaterieller Anreize in KMU* durch die Ergebnisse unserer explorativen Studie so nicht bestätigt wird.

Wie den durchweg stark ausgeprägten Zusammenhängen in Tabelle 13 zu entnehmen ist, kommt den von uns erhobenen Anreizkategorien zunächst einmal ganz grundsätzlich eine erhebliche Bedeutung für die Entstehung von AZ und AC – und damit letztendlich auch für das Teilnahme- und Leistungsverhalten von Arbeitnehmern zu. In gewisser Weise unterstützen die empirischen Befunde dennoch die in Abschnitt I angestellten theoretischen Überlegungen bzgl. der größenbedingt unterschiedlichen *Handlungsvoraussetzungen* von Unternehmen.[28] Allerdings ergeben sich aus diesen eben noch keine eindeutigen strukturellen Vor- bzw. Nachteile hinsichtlich der Ausgestaltung immaterieller Anreizaspekte. Stattdessen bieten sich Unternehmen unterschiedlicher Größe offenbar verschiedene, aber – vor dem Hintergrund ihrer jeweiligen situativen Rahmenbedingungen – gleichermaßen wirksame Möglichkeiten (und auch Probleme) für die Ausgestaltung motivierender Arbeitsumgebungen.[29] Es zeigt sich jedoch, dass gerade in kleineren Unternehmen die Zufriedenheit, vor allem aber das Commitment der Beschäftigten in stärkerem Maße durch die Beschaffenheit immaterieller Anreize geprägt zu werden scheint. Anders ausgedrückt: Arbeitsbedingungen und soziales Klima sind in KMU nicht zwingend *besser*, aber – angesichts der größenbedingten Nachteile bei der Gewährung materieller Anreize

Tab. 13: Anreize und Anreizwirkungen

Korrelationen: **Nur Vollzeitangestellte (n=440)**	**Kleinbetriebe**		**Mittelbetriebe**		**Großbetriebe**	
	AZ	***AC***	***AZ***	***AC***	***AZ***	***AC***
Materielle Anreize						
Lohnzufriedenheit	,556**	,339**	,673**	,360**	,582**	,362**
Zufriedenheit mit Entwicklungsmöglichkeiten	,539**	,461**	,606**	,573**	,588**	,314**
Aufgabenbezogene Anreize						
MPS	,522**	,418**	,326**	,312**	,492**	,265**
Organisation	,595**	,429**	,452**	,446**	,469**	,269**
Entscheidungsfindung	,643**	,397**	,485**	,486**	,443**	,350**
Soziale Anreize						
Organisationale Unterstützung (POS)	,682**	,606**	,584**	,507**	,548**	,502**
Beziehung Vorgesetzter (LMX)	,621**	,571**	,432**	,457**	,482**	,387**
Beziehung Kollegen (TMX)	,323**	,518**	,479**	,331**	,448**	,372**
Kontrollvariablen						
Qualifikation	,206	,061	-,106	,005	,053	-,051
Alter	,136	,073	,102	,168	,084	,169**
Betriebszugehörigkeitsdauer	,165	,288**	,197	,314**	,002	,172**

** Die Korrelation ist auf dem Niveau von 0,01 (2-seitig) signifikant

– (noch) *wichtiger* für eine erfolgreiche Bewältigung unternehmerischer Herausforderungen mithilfe qualifizierter, motivierter und engagierter Mitarbeiter.

D. Diskussion und Ausblick

„Große Unternehmen zahlen höhere Löhne, dafür bieten Klein- und Mittelbetriebe ihren Beschäftigten abwechslungsreiche, verantwortungsvolle Tätigkeiten und ein angenehmeres soziales Klima." So ungefähr ließe sich die „Kompensationsthese" bzgl. des Einflusses der Unternehmensgröße auf die Beschaffenheit betrieblicher Anreizportfolios wohl zusammenfassen. Indes, so plausibel sie zunächst vielleicht auch klingen mag, eine eindeutige Bestätigung erfährt sie vor dem Hintergrund der hier vorgestellten empirischen Befunde nicht. Stattdessen wird aber durchaus eine andere, nicht minder bedeutsame These mittelstandsökonomischer Forschung gestützt: nämlich die so genannte *Äquivalenzthese*. Nach wie vor ist ein nicht unerheblicher Teil der praxisorientierten, aber auch der wissenschaftlichen Literatur zu den personalwirtschaftlichen Besonderheiten von KMU durch das Interesse an einer wertenden Gegenüberstellung von Großunternehmen und Klein- bzw. Mittelbetrieben gekennzeichnet. In Abhängigkeit von der jeweiligen argumentativen Ausgangsposition und der gewählten Methodik werden dabei entweder vermeintlich gravierende Professionalisierungsdefizite in der Personalarbeit kleinerer Unternehmen unterstellt oder aber – entsprechend einer „Small is beautiful"-Perspektive – die mutmaßlichen Vorzüge mittelständischer Arbeitswirklichkeiten hervorgehoben. Die *Äquivalenzthese* hingegen löst sich von der Annahme einer grundsätzlichen Vorzugswürdigkeit großbetrieblicher bzw. mittelständischer Problemlösungen (Martin/Bartscher-Finzer 2006). Sie betont stattdessen die Notwendigkeit, vorrangig den Blick auf die sich mit steigender Betriebsgröße wandelnden *Handlungsvoraussetzungen* des Unternehmensverhaltens zu richten, um auf diese Weise ein tiefer gehendes Verständnis der spezifischen Funktionsprinzipen und -probleme von KMU bzw. Großunternehmen zu erlangen.

Im Einklang mit dieser Betrachtungsweise deuten (auch) die Ergebnisse unserer Studie darauf hin, dass es bzgl. der Art und Weise, wie Unternehmen verschiedener Größe bei der Erfüllung dieser elementaren personalwirtschaftlichen Funktionsanforderung vorgehen, einige fundamentale Unterschiede gibt (etwa im Hinblick auf die formale Steuerung und Institutionalisierung der Anreizgestaltung). Dabei zeigt sich, dass offensichtlich viele kleine, mittlere und große Unternehmen – jeweils vor dem Hintergrund ihrer spezifischen Handlungsvoraussetzungen – durchaus unterschiedliche Wege und Mittel finden, um ihren Mitarbeitern ein attraktives, zumindest aber ein akzeptables Beschäftigungsverhältnis zu offerieren. So mag etwa in den vergleichsweise persönlichen Arbeitsumgebungen von Kleinbetrieben der dominante Einsatz informaler *sozialintegrativer* Koordinationsmechanismen eine tragfähige und zugleich ressourcenschonende Alternative zu den (zwangsläufig) aufwändigeren Arbeits- bzw. Organisationsgestaltungskonzepten und Anreiz-Instrumenten größerer Unternehmen darstellen. In diesem Sinne geben die hier vorgestellten theoretischen Argumente und empirischen Ergebnisse durchaus Anlass dazu, die wenig ergiebige Suche nach vermeintlichen Anhaltspunkten für die Überlegenheit von Betrieben einer bestimmten Größe zugunsten einer (Weiter-)Entwicklung theoretisch fundierter Erklärungen des Zusammenhangs zwischen Unternehmensgröße und betrieblichen Anreizstrukturen zu überwinden.

Anhang

Tab. 14: Interne Konsistenz der verwendeten Skalen (Cronbachs Alpha)

Variable	α
Motivation Potential Score	.70
Organisation	.75
Entscheidungsfindung	.77
Organisationale Unterstützung (POS)	.86
Beziehung Vorgesetzter (LMX)	.92
Beziehung Kollegen (TMX)	.89
Arbeitszufriedenheit	.87
Affektives Commitment	.83

Tab. 15: Unternehmensgröße und soziale Anreize

Korrelation: Unternehmensgröße und… **Nur Vollzeitangestellte (n=440)**	
Organisationale Unterstützung (POS)	-,031
Beziehung Vorgesetzter (LMX)	,117*
Beziehung Kollegen (TMX)	,044

* Die Korrelation ist auf dem Niveau von 0,05 (2-seitig) signifikant

Tab. 16: Unternehmensgröße und Anreizwirkungen – Mittelwertvergleich

Mittelwerte ***Nur Vollzeitangestellte (n=440)***	**Klein-betrieb**	**Mittel-betrieb**	**Groß-betrieb**	**Gesamt**
Arbeitszufriedenheit	**4,85**	**4,74**	**5,14**	**4,99**
Affektives Commitment	**4,51**	**4,51**	**4,58**	**4,55**
Lohnzufriedenheit	4,36	4,21	4,94	4,66
Zufriedenheit Arbeitsinhalt	5,31	5,21	5,51	5,40
Zufriedenheit Entwicklungs-möglichkeiten	4,45	4,30	4,89	4,67
Zufriedenheit Vorgesetzter	5,06	5,17	5,36	5,25
Zufriedenheit Kollegen	5,59	5,77	5,82	5,77

(Werte können Ausprägungen zwischen 1 und 7 annehmen)

Anmerkungen

1 Dies ergeben übereinstimmend sowohl die Auswertungen des sozioökonomischen Panels, der sich auf die Befragung der in Deutschland lebenden Personen stützt, als auch die Statistiken der Arbeitskostenerhebungen, die sich aus den Angaben von Unternehmen herleiten. Beim SOEP geben Arbeitnehmer in Unternehmen mit 5 bis 19 Mitarbeitern einen durchschnittlichen Bruttoarbeitslohn von 2.231,- € an, während Mitarbeiter in Unternehmen mit mehr als 2.000 Mitarbeitern nach eigenen Angaben im Durchschnitt 3.435,- € verdienen (Berechnungen für das Jahr 2002 auf Grundlage der Welle S des Sozioökonomischen Panels, vgl. Behrends/Martin 2006). Laut Arbeitskostenerhebung beträgt der Unterschied im monatlichen Bruttolohn zwischen Betrieben mit 10 bis 19 Mitarbeitern und Betrieben mit mehr als 5.000 Mitarbeitern etwa 1.000 € (Statistisches Bundesamt 2004). Auch die *Lohnzusatzkosten* (inkl. der freiwilligen Sozialleistungen) fallen in größeren Unternehmen deutlich höher aus als in KMU (Statistisches Bundesamt 2004). Des Weiteren bieten Großbetriebe ihren Beschäftigten auch deutlich häufiger eine betriebliche Altersvorsorge als kleinere Unternehmen (Ergebnisse des Niedersachsenpanels, vgl. Schnabel/Wagner 1999).

2 Die Logik dieser Argumentation lässt sich im Prinzip zurückführen auf den Ansatz „kompensatorischer Lohndifferentiale" von Adam Smith: *"The whole of the advantages and disadvantages of the different employments of labour and stock must, in the same neighbourhood, be either perfectly equal or continually tending toward equality."* (Smith 1776/1998, 142).

3 In der einschlägigen Literatur finden sich zahlreiche Versuche, die Besonderheiten „mittelständischer Unternehmen" bzw. „kleiner und mittlerer Unternehmen" (KMU) anhand von Merkmalskatalogen näher zu bestimmen und so gegenüber „Großunternehmen" abzugrenzen (vgl. etwa die Übersichten bei Mugler, 1995, Pfohl 1997, zu personalwirtschaftlichen Besonderheiten vgl. z.B. Storey 1994, Marlow/Patton/Ram 2005). Das Gros dieser Definitionsansätze ist vornehmlich durch rechtliche, politische oder praktische Überlegungen motiviert (Günterberg/Wolter 2003), hat für eine theoretische Begründung des „mittelständischen Charakters" von Unternehmen aber keine wirklich grundlegende Bedeutung. Die Auswahl der zu berücksichtigen Unternehmensmerkmale muss letztlich stets vor dem Hintergrund der jeweiligen Forschungsfrage vollzogen werden (Schwiering/Fischer 1999). Wenngleich sich die Aufbereitung der Untersuchungsergebnisse zum Zwecke der übersichtlichen Darstellung in Teilen an der EU-Größenklasseneinteilung (EU-Kommission 2003) orientiert, so richtet sich das Interesse des vorliegenden Beitrags daher doch in erster Linie auf die Frage des allgemeinen Zusammenhangs zwischen Unternehmensgröße und betrieblicher Anreizgestaltung.

4 Zudem sind beispielsweise auch die Möglichkeiten, im Bedarfsfall zusätzliche Mittel akquirieren zu können, aufgrund der geringeren Deckungsmöglichkeiten für Kredite, geringer.

5 So definiert etwa Wernerfeldt Ressourcen als *„anything which could be thought of as a strength or weakness of a given firm"* (Wernefeldt 1984, 172).

6 So betonen Forschungsarbeiten, die der so genannten „Small is beautiful"-Perspektive zuzurechnen sind, insbesondere das *gemeinschaftliche* und *informelle* Miteinander in kleineren Betrieben (Barrett 1999, Ram 1999). Dem steht allerdings auch eine Reihe von Forschungsbeiträgen gegenüber, die ein weniger harmonisches Bild mittelständischer Arbeitswirklichkeiten skizzieren (Goss 1988, Curran/Stanworth 1981). Hier betonen die Autoren vor allem den geringen Verbreitungsgrad von Institutionen der betrieblichen Mitbestimmung und kollektiven Interessenvertretung, den autokratischen Führungsstil vieler Gründer/Eigentümer, die niedrigeren Arbeitslöhne oder auch die schlechteren Arbeitsbedingungen in KMU.

7 Dies zeigt sich auch darin, dass in kleineren Unternehmen den individuellen Verhaltensdispositionen und persönlichen Eigenheiten des Gründers/Unternehmers eine fundamentale Bedeutung für das Unternehmensverhalten zukommt (vgl. hierzu exemplarisch die Arbeiten zum Zusammenhang zwischen Unternehmerpersönlichkeit und Unternehmensverhalten in KMU von Baron/Burton/Hannan 1996 oder allgemeiner auch Miller/Toulouse 1986). Die besondere Bedeutung des persönlichen Elements spiegelt sich darüber hinaus auch in einer spezifischen Erfüllung der personalwirtschaftlichen Funktionsanforderungen wider (z.B. in der Rekrutierung über die sozialen Netzwerke der bereits Beschäftigten oder einer wechselseitigen informalen Leistungskontrolle der Mitarbeiter, vgl. Matlay 1999, Cassell et. al. 2002).

8 Dabei gilt es zu beachten, dass die hier angeführten Handlungsvoraussetzungen – aufgrund ihres jeweiligen theoretischen Ursprungs – bei der Erklärung zwar auf unterschiedliche Aspekte und Mechanismen des Unternehmensverhaltens abstellen, zugleich ihre Wirkung aber nicht völlig unabhängig voneinander entfalten. Zwischen der *Ressourcenausstattung*, der *Komplexität* und dem *Sozialcharakter* bestehen vielmehr vielfältige Wechselwirkungen (z. B. fördert eine zunehmende Komplexität die Herausbildung organisationaler Subsysteme/-kulturen mit je eigenen Denk- und Handlungslogiken und trägt auf diese Weise oftmals auch zu einem Wandel des betrieblichen Sozialcharakters bei). Zudem lassen sich prinzipiell noch zahlreiche weitere Einflussfaktoren anführen, die ebenfalls mit der Größe verbunden sind und – je nach Forschungsfrage und theoretischer Basis – für eine wissenschaftliche Erörterung der interessierenden Zusammenhänge herangezogen werden können (die Eigentümerstruktur und -persönlichkeit, geltende gesetzliche Regelungen, Merkmale des Marktes und der Branche etc.). Ihre Erklärungskraft bleibt aber in aller Regel auf ausgewählte Teilpopulationen innerhalb der Gruppe kleiner und mittlerer Betriebe beschränkt und erlaubt insofern keine allgemein gültigen Schlussfolgerungen bzgl. des grundlegenden Zusammenhangs zwischen Betriebsgröße und Unternehmensverhalten.

9 Die einschlägigen Systematisierungsversuche betrieblicher Anreize sind in aller Regel nicht völlig überschneidungsfrei, sondern bringen lediglich eine gewisse „gedankliche Ordnung" in die Vielfalt potentiell denkbarer Anreizfaktoren. Dies liegt ein Stück weit „in der Natur der Sache": Die meisten der angeführten Anreize lassen sich nicht eindeutig und ausschließlich einer bestimmten Motivklasse zuordnen, sondern leisten in aller Regel einen Beitrag zur Befriedigung unterschiedlicher Bedürfnisse (z.B. verbessert ein höheres Einkommen einerseits das Ausmaß der *materiellen Bedürfnisbefriedigung*, geht aber oftmals zugleich einher mit einem höheren *sozialen Status* und/oder umfangreicheren Möglichkeiten der individuellen *Selbstentfaltung*). Insofern ist auch die hier vorgenommene Zuordnung der Anreizkategorien zu den einzelnen größenabhängigen Handlungsvoraussetzungen nicht deterministisch zu verstehen, sondern bringt lediglich eine forschungsfragenspezifische Schwerpunktsetzung zum Ausdruck.

10 Der hier beschriebene Zusammenhang gilt allerdings in erster Linie für einfache Mitarbeiter und muss für unterschiedliche MA-Gruppen wohl differenzierter betrachtet werden. So können etwa die Arbeitsaufgaben für Angehörige des mittleren Managements – z.B. aufgrund einer fortschreitenden Dezentralisierung von Entscheidungskompetenzen und Zuständigkeiten – durchaus auch an Attraktivität gewinnen.

11 *Gemeinschaftliche Sozialordnungen* zeichnen sich maßgeblich dadurch aus, dass hier verstärkt Prinzipien „organischer Managementsysteme" (Burns/Stalker 1994) an die Stelle bürokratischer Vorschriften und hierarchischer Strukturen treten: Die *Koordination* des Arbeitsvollzugs beruht gewissermaßen auf einem *kollektiven psychologischen Vertrag* zwischen der Organisation und ihren Mitgliedern, der maßgeblich durch Gegenseitigkeit und Vertrauen gekennzeichnet ist. Arbeitsengagement und Kooperationsbereitschaft sind in diesen Betrieben somit nicht bloß das Ergebnis (kurzfristiger) Kosten-Nutzen-Erwägungen seitens der Mitarbeiter, sondern resultieren vornehmlich aus deren umfassender *Einbindung* in die betrieblichen Prozesse sowie einer daraus hervorgehenden verstärkten *Identifikation* mit dem „gemeinsamen Projekt Unternehmen".

12 Vergleich hierzu beispielsweise die Ergebnisse des *Stanford Project on Emerging Companies* (SPEC), im Zuge dessen für junge Unternehmen ein enger Bezug zwischen den individuellen Vorstellungen und Präferenzen der Unternehmensgründer und der Ausgestaltung betrieblicher Sozialstrukturen und Personalstrategien ermittelt werden konnte (Baron/Burton/Hannan 1996, Baron/Hannan 2002).

13 So ist etwa davon auszugehen, dass selbst bei ausgeprägter Fluktuationsneigung das tatsächliche Fluktuationsverhalten von der jeweiligen Arbeitsmarktlage beeinflusst wird. Besteht nur eine geringe Aussicht auf einen erfolgreichen Arbeitgeberwechsel, so ist eher ein verdecktes Rückzugsverhalten zu erwarten (bis hin zur „inneren Kündigung").

14 Sowohl die Arbeitszufriedenheits- als auch die Commitment-Forschung greifen etwa zur Beschreibung entsprechender Entstehungsprozesse vornehmlich auf *motivationstheoretische* Erklärungsansätze zurück (vgl. Büssing 2004, Weller 203). Zur Diskussion über die zwischen AZ und Commitment bestehende Kausalbeziehung vgl. etwa Farkas/Tetrick 1989, Tett/Meyer 1993, Vandenberg/Lance 1992.

15 Die Meta-Analyse von Mathieu/Zajac liefert beispielsweise eine durchschnittliche Korrelation zwischen AZ und Leistung von (p=.29 bis .35), wohingegen der Zusammenhang zwischen AC und Leistung bei lediglich (p=.17) liegt. Zur Bedeutung von Tätigkeitsmerkmalen bzw. Berufsgruppenspezifika für den Zusammenhang zwischen Zufriedenheit und Leistung vgl. die Ergebnisse der Meta-Analyse von Judge et. al. (2001).

16 Die durchschnittliche Korrelation zwischen Fluktuationsabsicht und AC liegt bei (p= -.56), für die AZ beträgt der Wert (p= -.42). Beim „freiwilligen" Absentismus (der allerdings offenkundigen Messproblemen unterliegt) wurden Korrelationen von (p= -.22) für das AC gegenüber (p= -.09) für die AZ ermittelt (Meyer et. al. 2002).

17 Die erste Welle wurde im Dezember 05/Januar 06 erhoben, die zweite Welle im Juni/Juli 06. Die Beschränkung auf höher qualifizierte Dienstleistungsberufe erfolgte zum einen, um eine Vergleichbarkeit der Ergebnisse zu gewährleisten, zum anderen aber auch, da gerade für diese Berufsgruppen ein vergleichsweise enger Zusammenhang zwischen den von uns betrachteten Anreizwirkungen und der letztendlichen Qualität der Arbeitsleistung unterstellt werden kann.

18 Die Quotierung erfolgte im Hinblick auf die Größe des arbeitgebenden Unternehmens sowie das Alter und das Geschlecht der Befragungsteilnehmer. Darüber hinaus wurden pro Untersuchungsbetrieb die Angaben von maximal fünf Beschäftigten berücksichtigt. Um einer Verfälschung der Daten entgegen zu wirken, wurde zudem an jeden Probanden ein personalisierter Log-In mit Passwort versandt. Und schließlich war die Rekrutierung von Befragungsteilnehmern auch nicht Bestandteil der zu bewertenden Seminarleistung.

19 Insgesamt wurden 621 Fragebögen ausgefüllt, 14 Mitglieder der Unternehmensleitung und 9 Werksstudenten/Praktikanten wurden aus dem Sample gelöscht. Der Rücklauf erreichte dabei in beiden Erhebungswellen ein annähernd gleiches Niveau (Erste Welle: 62,5%, zweite Welle: 59,7%). Ein Vergleich der Untersuchungsergebnisse zwischen den beiden Wellen erbrachte keine auffälligen Abweichungen.

20 Darüber hinaus wurden auch das „Organizational Citizenship Behavior" der Beschäftigten sowie deren subjektive Einschätzung zu unterschiedlichen Aspekten des übergeordneten Unternehmenserfolgs abgefragt. Auf eine ausführliche Darstellung der entsprechenden Ergebnisse wird an dieser Stelle aber verzichtet.

21 Um eine angemessene Bearbeitungszeit für das Ausfüllen des Fragebogens zu gewährleisten, wurden die verwendeten Skalen zum Teil in gekürzter Fassung übernommen.

22 Die Berechnung des Motivation Potential Scores erfolgte dabei über die additive Verknüpfung der Teilindices.

23 Um eine Beeinflussung der Daten durch die Position bzw. die Art des Beschäftigungsverhältnisses möglichst auszublenden, beschränken sich vorgestellten Ergebnisse überwiegend auf die Angaben der Vollzeitbeschäftigten (n=440).

24 Dieser Befund wird auch durch eine signifikante Korrelation zwischen Unternehmensgröße und Einkommensklasse in Höhe von (r = .22) bestätigt.

25 Erwähnung verdient in diesem Zusammenhang noch die Tatsache, dass die ermittelten (größenbedingten) Unterschiede auch bei Konstanthalten anderer relevanter Merkmale der Befragten (namentlich *Position, Alter* und *Qualifikationsniveau*) erhalten bleiben.. Lediglich zwischen der subjektiv eingeschätzten Beschäftigungssicherheit und der Unternehmensgröße konnte kein nennenswerter Zusammenhang zur Unternehmensgröße festgestellt werden.

26 Abgesehen von der Beurteilung der organisationalen Entscheidungsfindung (Ø = 4,26) liegen alle Mittelwerte (für alle Unternehmensgrößen oberhalb von 5 (bei einer maximal möglichen Ausprägung von 7).

27 Die Korrelation zwischen AZ und AC beträgt (r = .55**) und liegt damit auf dem vergleichbaren Niveau von einschlägigen Studien (Felfe/Six 2006).

28 Vgl. hierzu bspw. den Verbreitungsgrad eigenständiger Personalabteilungen in Abhängigkeit von der Unternehmensgröße oder auch die stärkere Korrelation zwischen POS und LMX in kleineren Unternehmen.

29 Ein zweiter wichtiger Argumentationsstrang im Zusammenhang mit der größenabhängig unterschiedlichen Beschaffenheit von Anreizstrukturen, der an dieser Stelle nicht weiter vertieft werden kann, betrifft primär die *Teilnahmeentscheidungen* von Arbeitnehmern. Da die tatsächliche

Motivationswirkung der verschiedenen Anreizarten stets davon abhängig ist, wie diese von den Beschäftigten (vor dem Hintergrund ihrer individuellen Ansprüche und Bedürfnisse) *subjektiv* bewertet werden (vgl. Holland, 1985, Tom 1971, Vroom 1966, zur motivationstheoretischen Erklärung von AZ und AC Büssing 2004, Weller 203), ist – im Sinne eines *Person-Organization-Fits* – auch von einer (Selbst-)Selektionskraft betrieblicher Anreizportfolios auszugehen (vgl. hierzu etwa die Argumentation des ASA-Frameworks von Schneider 1987 bzw Schneider/Goldstein/Smith 1995). Für eine differenzierte Analyse dieser Wirkungszusammenhänge bedarf es allerdings weiterer empirischer Analysen, die sich – etwa auf der Grundlage entsprechender persönlichkeitstheoretischer Ansätze – explizit der Frage nach möglichen strukturellen Unterschieden in der Bedürfnis- und Präferenzstruktur von Arbeitnehmern aus KMU und Großunternehmen zuwenden.

Literatur

Allen, N.J./Meyer, J.P. (1990): The Measurement and Antecedents of Affective, Continuance and Normative Commitment to the Organization, in: Journal of Occupational Psychology, 63, 1–18.

Barney, J.B. (1991): Firm resources and sustained competitive advantage, in: Journal of Management, 17, 99–120.

Baron, J.N./Burton, D.M./Hannan, M.T. (1996): The Road Taken: Origins and Evolution of Employment Systems in Emerging Companies, in: Industrial and Corporate Change, 5, 239–275.

Baron, J.N./Hannan, M.T. (2002): Organizational Blueprints for Success in High-Tech Start-Ups: Lessons from the Stanford Project on Emerging Companies, in: California Management Review, 44, No. 3, 8–36.

Barrett, R. (1999): Industrial Relations in Small Firms: The Case of the Australian. Information Industry, Employee Relations, 21, 311–324.

Bateman, T. S./Organ, D. W. (1983): Job satisfaction and the good soldier: The relationship between affect and employee "citizenship.", in: Academy of Management Journal, 26, 587–595.

Blau, P.M. (1970): A Formal Theory of Differentiation in Organizations. American Sociological Review, 35, S. 201–218.

Becker, F. G. (1995): Anreizsysteme als Führungsinstrumente, in: Kieser, A./Reber, G./Wunderer, R. (Hrsg.): Handwörterbuch der Führung, 2. Auflage, Stuttgart, Sp. 34–45.

Becker, F. G. (2005): Führen mit Anreizsystemen, in: Führungspraxis: Motivieren, Kooperieren, Führen (Digitale Fachbibliothek Symposion), Düsseldorf.

Behrends, T./Martin, A. (2006): Personalarbeit in Klein- und Mittelbetrieben – Empirische Befunde und Ansatzpunkte zu ihrer theoretischen Erklärung, in: Zeitschrift für KMU und Entrepreneurship, Heft 1, 25–49

Brass, D.J. (1981): Structural relationships, job characteristics and worker satisfaction and performance, in: Administrative Science Quarterly, 26, 331–318.

Brief, A.P. (1998): Attitudes in and Around Organizations, Thousand Oaks.

Burns, T./Stalker, G.M. (1994): The management of innovation. Rev. Auflage. Oxford u. a.

Büssing, A. (2004): Arbeitszufriedenheit, in Gaugler, E./Oechsler W. A./Weber, W. (Hrsg.): Handwörterbuch des Personalwesens, 462–474.

Cassell, C./Nadin, S./Gray, M./Clegg, C. (2002): Exploring human resource management practices in small and medium sized enterprises, in: Personnel Review, 31, 671–692.

Colbert, B.A. (2004): The Complex Resource-Based View: Implications for Theory and Practice in Strategic Human Resource Management, in: Academy of Management Review, 29, 341–358.

Curran, J./Stanworth, J. (1981): A New Look at Job Satisfaction in the Small Firm, in: Human Relations, 34, 343–365.

Daft, R./Bradshaw, P. (1980): The process of organizational subdivision: two models, in: Administrative Science Quarterly, 25, 441–456.

Eisenberger, R./Huntington, R./Hutchison, S./Sowa, D. (1986): Perceived organizational support, in: Journal of Applied Psychology, 71, 500–507.

EU-Kommission (2003): Empfehlung der Kommission vom 6. Mai 2003 betreffend die Defintion der Kleinstunternehmen sowie der kleinen und mittleren Unternehmen (Aktenzeichen K(2003) 1422, Brüssel.
Farkas, A. J./Tetrick., L.E. (1989): A Three-Wave Longitudinal Analysis of the Causal Ordering of Satisfaction and Commitment on Turnover Decisions, in: Journal of Applied Psychology, 74, 855–868.
Felfe, J./Six, B. (2006): Die Relation von Arbeitszufriedenheit und Commitment, in: Fischer, L. (Hrsg.): Arbeitszufriedenheit. Konzepte und empirische Befunde, Göttingen, 37–60.
Ford, J.D./Slocum, J.W. (1977): Size, Technology, Environment, and the Structure of Organizations, in: Academy of Management Review, 2, 561–575.
Fried Y./Ferris G. R. (1987): The validity of the Job Characteristics Model: A review and meta-analysis, in: Personnel Psychology, 40, 287–322.
Goss, D. (1988): Social harmony and the small firm – a reappraisal, in: Sociological Review, 36, 114–132.
Grant, R.M. (1991): The resource-based theory of competitive advantage, in: California Management Review, 33, 114–135.
Günterberg, B../Wolter, H.J. (2003): Unternehmensgrößenstatistik 2001/2002 – Daten und Fakten, Materialien des Instituts für Mittelstandsforschung Bonn, Band 157, Bonn.
Hackman, J. R./Oldham, G. R. (1975): Development of the Job Diagnostic Survey, in: Journal of Applied Psychology, 60, 159–170.
Hackman, J.R./Lawler, E.E. (1971): Employee reactions to job characteristics, in: Journal of Applied Psychology, 55, 259–286.
Hackman, J.R./Oldham, G.R. (1976): Motivation through the design of work: Test of a theory, in: Organizational Behavior and Human Performance, 16, 250–279.
Holland, J.L. (1985): Making vocational choices: A theory of careers, Englewood Cliffs.
Judge, T. A./Thoresen, C. J./Bono, J. E./Patton, G. K. (2001): The job satisfaction-job performance relationship: A qualitative and quantitative review, in: Psychological Bulletin, 127, 376–407.
Kotthoff, H./Reindl, J. (1990): Die soziale Welt kleiner Betriebe. Göttingen.
Lado, A.A./Wilson, M.C. (1994). Human resource systems and sustained competitive advantage: A competency-based perspective, in: Academy of Management Review, 19, 699–727.
Lawrence, J.D./Lorsch, J.W. (1967): Organization and Environment: Managing Differentiation and Integration, Boston
Liden, R.C./Maslyn, J.M. (1998): Multidimensionality of Leader-Member Exchange: An Empirical Assessment Through Scale Development., in: Journal of Management, 24, 43–72.
Manz, T. (1993): Schöne neue Kleinbetriebswelt? Perspektiven kleiner und mittlerer Betriebe im industriellen Wandel, Berlin.
Marlow S./Patton D. (1993): Managing the employment relationship in the smaller firm: Possibilities for human resource management, in: International Small Business Journal, 11, No. 4, 57–64.
Marlow, S./Patton, D./Ram, M. (2005): Managing Labour in Small Firms, London.
Martin, A. (2003): Arbeitszufriedenheit, in: Martin, A. (Hrsg.): Organizational Behaviour, Stuttgart, 11–34.
Martin, A. (2006): Die subjektive Beurteilung der Arbeitsbeziehung in unterschiedlichen Beschäftigungsverhältnissen, in: Die Betriebswirtschaft, Heft 2, 146–175.
Martin, A./Bartscher-Finzer, S. (2006) Die Führung mittelständischer Unternehmen: Zwischen Defizit und Äquivalenz, in: Krüger, W. (Hrsg.): Praxishandbuch des Mittelstands, Wiesbaden, 203–217.
Mathieu, J. E./Zajac, D. M. (1990): A review and meta-analysis of the antecedents, correlates, and consequences of organizational commitment, in: Psychological Bulletin, 108, 171–194.
Matlay, H. (1999): Employee Relations in Small Firms: A Micro-Business. Perspective, in: Employee Relations, 21, 285–295.
Meyer, J. P./Stanley, D. J./Herscovitch, L./Topolnytsky, L. (2002): Affective, continuance and normative commitment to the organization: A meta-analysis of antecedents, correlates and consequences, in: Journal of Vocational Behavior, 61, 20–52.
Meyer, J.P./Allen, N.J. (1991): A three-component conceptualization of organizational commitment, in: Human Resource Management Review, 1, 61–89.

Meyer, J.P./Allen, N.J. (1997): Commitment in the Workplace. Theory, Research, and Application, Thousand Oaks u.a.
Miller, D./Toulouse, J.-M. (1986): Chief Executive Personality and Corporate Strategy and Structure in Small Firms, in: Management Science, 32, 1389–1409.
Moser, K. (1996): Commitment in Organisationen, Bern u. a.
Mugler, J. (1995): Betriebswirtschaftslehre der Klein- und Mittelbetriebe (2. Auflage), Wien.
Müller, G.F./Bierhoff, H.W. (1994): Arbeitsengagement aus freien Stücken – psychologische Aspekte eines sensiblen Phänomens, in: Zeitschrift für Personalforschung, Heft 4, 367–379.
Neuberger, O./Allerbeck, M. (1975): Messung und Analyse von Arbeitszufriedenheit, Bern.
Pfohl, H.C. (1997): Betriebswirtschaftslehre der Klein- und Mittelbetriebe (3. Auflage), Berlin.
Podsakoff, P. M./MacKenzie, S. B./Bommer, W. H. (1996), Transformational Leader Behaviors and Substitutes for Leadership as Determinants of Employee Satisfaction, Commitment, Trust, and Organizational Citizenship Behaviors, in: Journal of Management, 22, 259–298.
Quinn, R. P./Staines G. L. (1979): The 1977 Quality of Employment Survey Ann Arbor, Michigan Institut for Social Research.
Rainnie, A. (1985): Small Firms, Big Problems: The Political Economy of Small Businesses, in: Capital and Class, No. 25, 140–168.
Ram, M. (1999): Managing Autonomy: Employment Relations in Small Professional Service Firms, in: International small business journal, 17, No. 2, 13–30.
Ram, M./Holliday, R. (1993): Relative merits: family culture and kinship in small firms, in: Sociology, 27, 629–648.
Rhoades L./Eisenberger R. (2002): Perceived organizational. support: a review of the literature, in: Journal of Applied Psychology , 87, 698–714.
Ritchie, J. (1993): Strategies for human resource management: challenges in smaller and entrepreneurial organisations, in: Harrison, R. (Hrsg.): Human Resource Management, Wokingham, 111–135.
Schanz, N. (2000): Personalwirtschaftslehre. Lebendige Arbeit in verhaltenswissenschaftlicher Perspektive, 3. Aufl., München.
Schmidt, K.-H./Hollmann, S./Sodenkamp, D. (1998): Psychometrische Eigenschaften und Validität einer deutschen Fassung des „Commitment"-Fragebogens von Allen und Meyer (1990), in: Zeitschrift für Differentielle und Diagnostische Psychologie, 19, 93–106.
Schnabel, C./Wagner, J. (1999): Betriebliche Altersversorgung – Verbreitung, Bestimmungsgründe und Auswirkungen auf die Personalfunktion, in: Frick, B./Neubäumer, R./Sesselmeier, W. (Hrsg.): Die Anreizwirkungen betrieblicher Zusatzleistungen, München und Mehring, 69–93.
Schneider, B. (1987): The people make the place, in: Personnel Psychology, 40, 437–453.
Schneider, B./Goldstein, H.W./Smith, D.B. (1995): The ASA Framework: An Update, in: Personnel Psychology, 48, 747–779.
Schwiering, D./Fischer, H. (1999): Mittelstand und Mittelstandsbezug in Wirtschaftswissenschaft und Wirtschaftspraxis, in: Internationales Gewerbearchiv, 47, 182–199.
Scott, W. R. (1986): Grundlagen der Organisationstheorie, Frankfurt.
Seers, A. (1989): Team-member exchange quality: A new construct for role-making research. in: Organizational Behavior and Human Decision Processes, 43, 118–135.
Seers, A./Petty, M. M./Cashman, J. F. (1995): Team-member exchange under team and traditional management: A naturally occurring quasi-experiment, in: Group & Organization Management, 20, 18–38.
Smith, A. (1776/1998): An Inquiry into the Nature and Causes of the Wealth of Nations (elektronischer Reprint des Originals), Elecbook Classics, ebc0072, London.
Spector, P.E. (1997): Job satisfaction: Application, assessment, causes, and consequences, Thousand Oaks:
Statistisches Bundesamt (2004): Strukturdaten im Produzierenden Gewerbe und in ausgewählten Dienstleistungsbereichen, Gehalts- und Lohnstrukturerhebung 2001, Stuttgart.
Storey, D.J. (1994): Understanding the Small Business Sector, London.
Taylor, J. C./Bowers, D. G. (1972): Survey of organizations: a machine-scored standardized questionnaire instrument. Ann Arbor: Center for Research on Utilization of Scientific Knowledge, University of Michigan.

Tett, R.P./Meyer, J.P. (1993): Job satisfaction, organizational commitment, turnover intention, and turnover: Path analyses based on meta-analytic findings, in: Personnel Psychology, 46, 259–293.

Tom, V.R. (1971): The role of personality and organizational images in the recruiting process, in: Organizational Behavior and Human Performance, 6, 573–592.

Vandenberg, R./Lance, C. (1992): Examining the causal order of job satisfaction and organizational commitment, in: Journal of Management, 18, 53–167.

Vroom, V.R. (1966): Organizational choice: A study of pre- and post-decision processes, in: Organizational Behavior and Human Performance, 1, 212–226.

Weiss, H. M. (2002): Deconstructing job satisfaction: Separating evaluations, beliefs and affective experiences, in: Human Resource Management Review, 12, 173–194.

Weller, I. (2003): Commitment, in: Martin, A. (Hrsg.): Organizational Behavior – Verhalten in Organisationen. Stuttgart, 77–94.

Werner, A. (2004): Arbeitsbedingungen in KMU – Besser oder schlechter als ihr Ruf?, in: Institut für Mittelstandsforschung Bonn (Hrsg.): Jahrbuch zur Mittelstandsforschung 2004, Wiesbaden, 1–20.

Wernerfeldt, B. (1984): A Resource-based View of the Firm, in: Strategic Management Journal, 5, 171–180.

Wilkinson, A. (1999): Employment relations in SMEs, in: Employee Relations, 21, 206–217.

Wright, P.M./Dunford, B.B./Snell, S.A. (2001): Human resources and the resource based view of the firm, in: Journal of Management, 27, 701–721.

Anreizstrukturen im Mittelstand
– ein empirischer Vergleich zwischen KMU und Großunternehmen

Zusammenfassung

Empirische Studien belegen regelmäßig, dass sich Arbeitnehmer in Großunternehmen gegenüber Beschäftigten in Klein- oder Mittelbetrieben materiell wesentlich besser stellen, und zwar sowohl im Hinblick auf den *Lohn* als auch bei den geldwerten *Zusatzkomponenten*. Um nicht zu unterstellen, dass in KMU leistungsschwächere oder weniger leistungsbereite Mitarbeiter tätig sind als in größeren Unternehmen, wird oftmals die Auffassung vertreten, dass kleinere Unternehmen mit einem anderen „Mix" von Anreizen operieren. Im Sinne einer „Kompensationsthese" wird unterstellt, dass in KMU zwar die *finanziellen* Ressourcen geringer seien (und damit die Möglichkeiten, entsprechende Anreize zu bieten), den Mitarbeitern aber – gewissermaßen „zum Ausgleich" – andere (vor allem *immaterielle*) Anreize zur Verfügung stehen, über die größere Unternehmen nicht im gleichen Maße verfügen. Diese These stützt sich allerdings oftmals auf recht klischeebeladene Annahmen bzgl. der spezifischen Charakteristika mittelständischer Arbeitswirklichkeiten und ist bislang weder theoretisch noch empirisch befriedigend geklärt. Der vorliegende Beitrag diskutiert daher zunächst mögliche Ansatzpunkte für eine theoretische Fundierung der angeführten „Kompensationsthese". Anschließend werden die empirischen Befunde einer explorativen Vergleichsstudie unter (n = 598) höher qualifizierten Arbeitnehmern aus KMU und Großunternehmen zur *größenabhängigen Beschaffenheit betrieblicher Anreizstrukturen* vorgestellt.

Reward Structures in Small and Medium Size Enterprises
– A Comparative Study of SMEs and Large Corporations

Summary

Empirical studies regularly document that employees in large corporations are significantly better paid than those working in small to medium-sized enterprises (SMEs); both with regards to the actual wages and also concerning other benefits. In order to not promulgate the view that those employed in smaller businesses are less qualified or motivated compared to their colleagues in larger corporations, it is usually argued that smaller businesses may provide a different "mix" of rewards. In keeping with this „compensation-thesis" it is often pre-supposed that SMEs in spite of their lesser financial resources (and thus fewer possibilities to reward accordingly) are nonetheless able to offer their employees other (mostly *immaterial*) rewards to compensate for this deficit in ways that large corporations are not able to. This assumption though is often based on a rather cliché-ridden view of the work-realities in SMEs and has as such not yet been theoretically or empirically validated in a satisfactory way. The aim of the paper at hand thus is twofold: In the first part, different theoretical perspectives are discussed with regard to their potential for funding the aforementioned "compensation-thesis". The second part of the presents main findings of an explorative comparative analysis amongst professional service workers (n = 598), looking into the size-dependant reward configurations of SMEs and large corporations.

Keywords: SME, reward structures, organizational commitment

JEL: M52

Einflussfaktoren des Vertrauensaufbaus bei der Beratung kleiner und mittlerer Unternehmen (KMU)

Von Margit Enke, Larissa Greschuchna und Anja Geigenmüller

Überblick

- Obwohl KMU für Beratungsunternehmen eine attraktive Zielgruppe darstellen, werden Beratungsleistungen eher selten in Anspruch genommen. Die Ursache ist oft ein Mangel an Vertrauen der KMU in das jeweilige Beratungsunternehmen.
- Da sich die Literatur bislang nur selten mit dieser Thematik beschäftigt, liegt ein unbefriedigender Stand an theoretisch und empirisch fundierten Untersuchungen vor. Vor diesem Hintergrund erfolgt eine theoretische Erörterung und empirische Überprüfung der Relevanz des interpersonalen und organisationalen Vertrauens bei der Auswahl eines Beratungsunternehmens.
- Anhand eines Strukturgleichungsmodells lassen sich sowohl Einflussfaktoren als auch Auswirkung von Vertrauen auf die Auftragsvergabe analysieren. Der Beitrag zeigt die Bedeutung des Vertrauens in den Berater, der Reputation des Beratungsunternehmens sowie die Relevanz eines KMU-spezifischen Leistungsspektrums für den Aufbau von organisationalem Vertrauen zu Beginn einer Geschäftsbeziehung und damit für die Projektbeauftragung.

Prof. Dr. Margit Enke ist Inhaberin des Lehrstuhls für Marketing und Internationalen Handel an der TU Bergakademie Freiberg. E-Mail: margit.enke@bwl.tu-freiberg.de. Arbeitsgebiete: Markenführung, Kommunikation, Internationales Marketing
Dr. Larissa Greschuchna war Doktorandin am Lehrstuhl für Marketing und Internationalen Handel der TU Bergakademie Freiberg und arbeitet als Beraterin bei der Infoman AG, Stuttgart. E-Mail: Larissa.Greschuchna@infoman.de
Dr. Anja Geigenmüller ist Habilitandin am Lehrstuhl für Marketing und Internationalen Handel der TU Bergakademie Freiberg. E-Mail: anja.geigenmueller@bwl.tu-freiberg.de. Arbeitsgebiete: Dienstleistungsmarketing, Internationales Marketing, Markenführung

ZfB
ZEITSCHRIFT FÜR BETRIEBSWIRTSCHAFT

A. Problemstellung und Relevanz des Beitrags

Der zunehmende Einfluss der Globalisierung führt zu einer wachsenden Durchlässigkeit von Märkten für Waren, Dienstleistungen und Kapital. Dies gilt ebenso für Dienstleistungsmärkte. Diese Entwicklung und eine Deregulierung vieler Dienstleistungsbereiche schaffen starke Wachstumsimpulse. Für entwickelte Volkswirtschaften besitzen Dienstleistungen heute weltweit eine herausragende Bedeutung (vgl. Kantsperger/Kunz/Meyer, 2004, S. 113f; Evanschinsky, 2003, S. 1ff). Gleichzeitig erhöhen sich durch diese Entwicklung Dynamik und Unsicherheit auf Dienstleistungsmärkten. Dienstleistungsanbieter sind gezwungen, nachhaltige Wettbewerbspositionen zu identifizieren und markt- bzw. kundenorientiert zu agieren (vgl. Corsten/Dresch/Gössinger, 2005, S. 365ff).

Aus Kundensicht ist die Interaktion mit einem Dienstleistungsanbieter häufig mit Unsicherheit behaftet, da Dienstleistungen in hohem Maße immateriell und damit bezüglich ihrer Qualität schwer einschätzbar sind (vgl. Zeithaml, 1981). Weiterhin hängt der Erfolg einer Dienstleistungserstellung wesentlich von der Bereitschaft des Kunden zur Integration in den Erstellungsprozess ab. Diese Bereitschaft erfordert ein Mindestmaß an Vertrauen des Kunden in die Leistungsfähigkeit des Anbieters. Folglich sind Dienstleistungsanbieter gefordert, eben dieses Vertrauen herzustellen, und zwar vor, während und nach einer Dienstleistungsinteraktion (vgl. Dagger/Lawley, 2003, S. 75).

Über die Relevanz des Vertrauens *während* einer bestehenden Dienstleistungsinteraktion wird in der Literatur häufig diskutiert. Dabei wird jedoch vernachlässigt, dass bereits zur Initiierung einer solchen Interaktion Vertrauen notwendig ist (Ford, 1980). Außerdem stehen in betriebswirtschaftlich relevanten Forschungsarbeiten zum Vertrauen häufig Beziehungen zwischen Individuen im Vordergrund (vgl. Ahlert/Kenning/Petermann, 2001, S. 285). Relativ wenige Autoren widmen sich der Frage des Vertrauens in eine Organisation, z. B. in ein Unternehmen. Zwar interagieren auch in diesem Fall Individuen, jedoch in einem organisationalen Kontext. Eine Bestandsaufnahme der Literatur ergibt zudem, dass das Vertrauen zwar als wichtiges Kriterium für Auswahlprozesse erwähnt wird (vgl. z. B. Fischer, 2003, S. 68; Däfler/Rexhausen, 1999, S. 45). Bei einer empirischen Überprüfung wurden jedoch bislang weder das interpersonale noch das organisationale Vertrauen näher berücksichtigt.

Die Problematik des Vertrauens zwischen Unternehmen gewinnt in jüngster Zeit vor allem für Unternehmensberatungen[1] an Bedeutung. Angesichts komplexer Marktverhältnisse sind Marktteilnehmer häufig auf Beratungsleistungen angewiesen. Beratungsdienstleistungen sind investive Dienstleistungen. Dabei bringt ein Beratungsunternehmen sein Leistungspotenzial in die Geschäftsbeziehung ein, d. h. seine *Leistungsfähigkeit und -bereitschaft*, ein individuelles Problem seines Kunden zu erkennen und zu lösen. Sowohl die Faktoren, die für die Erstellung einer Beratungsleistung kombiniert werden müssen, als auch die Beratungsleistung selbst sind *immateriell*. Sie werden lediglich durch materielle Träger wie Konzepte, Dokumentationen und Präsentationen unterstützt (vgl. Jeschke, 2004, S. 126f.; Kohr, 2000, S. 19; Kieser, 1998, S. 195). In einem Interaktionsprozess arbeiten ein oder mehrere Berater zeitlich begrenzt mit dem Kunden in einem Interaktionsprozess zusammen, (vgl. z. B. Jeschke, 2004, S. 129; Kohr, 2000, S. 17; Miethe, 2000, S. 151ff.), d. h. es werden *externe Faktoren* in Form von Mitarbeitern und Objekten des Kunden in den Beratungsprozess *integriert* (vgl. Barchewitz/Armbrüster, 2004, S. 6f.; Jeschke, 2004, S. 24).

Für die Beauftragung eines Beratungsunternehmens und für den Erfolg eines Beratungsprojektes gilt Vertrauen in das Beratungsunternehmen als eine der entscheidenden Grundvoraussetzungen (vgl. z.B. Haake, 2005, S. 254; Wick, 2000, S. 168f.; Köppen, 1999, S. 85). Solange kein Vertrauen in eine Berater-Kunden-Beziehung aufgebaut werden kann, erfolgt entweder keine Beauftragung des Beratungsunternehmens oder die Dienstleistungsbeziehung wird durch eine eingeschränkte und eher oberflächliche Interaktion ineffizient (Maister/ Green/Galford, 2000). Allerdings sind Unternehmensberatungen wie kaum eine andere Branche durch ein Negativimage belastet (Faust, 2002, S. 48f.; Kipping, 2002, S. 269f.; Malik, 2001, S. 5f.). WIMMER spricht von einer „allseits beobachtbaren Vertrauenskrise" (2003, S. 32), die als ein wesentlicher Grund für sinkende Umsätze von Beratungsunternehmen angesehen wird (BDU Facts & Figures, 2004, S. 4).

Dieses Spannungsfeld besteht insbesondere im Verhältnis zu kleinen und mittleren Unternehmen (KMU). KMU stellen eine attraktive Zielgruppe für Beratungsunternehmen dar. Aufgrund spezifischer Kapazitätsengpässe hinsichtlich Personal, Kapital und Informationen (vgl. Ghobadian/Gallear, 1997, S. 134; Kayser, 1997, S. 85f.) sind KMU im Vergleich zu größeren Unternehmen in besonderer Weise einem volatilen wirtschaftlichen Umfeld ausgesetzt. Unternehmensinterne Faktoren wie der Mangel an Personal oder Zeit bzw. die Nachfolgeregelung machen die Einbindung externer Berater notwendig (vgl. Wick, 2000, S. 153ff.; Köppen, 1999; Lachnit/Müller, 1993, S. 1381). Dazu kommen unternehmensexterne Faktoren wie eine zunehmende Internationalisierung, ein intensiver Verdrängungswettbewerb, technologische und rechtliche Veränderungen, die zu einem erhöhten Beratungsbedarf seitens der KMU führen (vgl. Zimmermann, 2002, S. 105ff.; Wick, 2000, S. 151). Dieser Bedarf wird aber nicht marktwirksam, weil gerade KMU mangels Vertrauen in das Beratungsunternehmen nur widerwillig externe Beratungsleistungen beanspruchen.

Dies führt zu folgenden Fragen:

- Welche Faktoren beeinflussen die Entstehung von Vertrauen zu Beginn einer Dienstleistungsinteraktion zwischen Beratungsunternehmen als Anbieter und KMU als Nachfrager?
- Welche Rolle spielen dabei das Vertrauen in Personen sowie das Vertrauen in Organisationen für die Auswahl eines Beratungsunternehmens?

Der vorliegende Beitrag greift diese Fragen auf, mit dem Ziel, sowohl konzeptionell als auch empirisch relevante Faktoren für den Aufbau von Vertrauen herauszuarbeiten. Dazu werden zunächst die theoretischen Grundlagen zum Begriff und zum Aufbau von Vertrauen dargestellt. Auf dieser Basis entsteht die Konzeptualisierung von Determinanten des Vertrauens von KMU in ein Beratungsunternehmen zu Beginn einer KMU-Berater-Beziehung. Es werden Hypothesen abgeleitet und in einem Strukturgleichungsmodell zusammengeführt. Der Beitrag präsentiert die Vorgehensweise und die Ergebnisse einer empirischen Untersuchung von KMU. Daraus werden Implikationen für Forschung und Praxis erarbeitet. Der Beitrag endet mit einem Ausblick auf weitere Forschungsfragen.

B. Theoretische Grundlagen der Untersuchung

I. Begriffsbestimmung des Vertrauens

Das Konstrukt des Vertrauens ist Gegenstand verschiedener wissenschaftlicher Disziplinen. Der Ursprung der Vertrauensforschung liegt in der Psychologie, der Sozialpsychologie und der Soziologie (u.a. Luhmann, 2000; Coleman, 1995; Rotter, 1967; Deutsch, 1958). In diesen Forschungsbereichen wurde in erster Linie die Bedeutung des Vertrauens in zwischenmenschlichen Beziehungen analysiert. Überwiegend von den sozialpsychologischen Arbeiten beeinflusst, beschäftigt sich die Betriebswirtschaftslehre und insbesondere das Marketing seit Ende der 80-er Jahre des letzten Jahrhunderts mit dem Konstrukt des Vertrauens (vgl. Anderson/Narus, 1990; Anderson/Weitz, 1989; Dwyer/Schurr/Oh, 1987). Daraus wird der wachsende Einfluss des Relationship Marketing auf die Marketingforschung ersichtlich. Im Rahmen des Relationship Marketing spielt das Konstrukt des Vertrauens als psychologischer Indikator der Beziehungsqualität eine bedeutende Rolle (Meffert/Bruhn, 2003, S. 74) und gilt als wesentlicher Bestandteil der Entwicklung und Erhaltung von Geschäftsbeziehungen (vgl. Garbarino/Johnson, 1999, S. 71; Morgan/Hunt, 1994, S. 22). So wird angenommen, dass kurzfristig auftretende Widersprüche oder Enttäuschungen kompensiert werden können, wenn in der Geschäftsbeziehung Vertrauen besteht (vgl. Wesemeier, 2002, S. 77f.).

Die Vielfalt an Forschungsansätzen resultiert allerdings auch in einem breit gefächerten Begriffsverständnis des Konstruktes Vertrauen. ZUCKER (1986) beispielsweise versteht unter Vertrauen bestimmte Erwartungen, die von allen an einem wirtschaftlichen Austauschprozess Beteiligten geteilt werden. Im Marketing wird Vertrauen vor allem als Überzeugung einer Partei verstanden, dass deren Bedürfnisse durch die Maßnahmen einer anderen Partei erfüllt werden (vgl. Anderson/Weitz, 1989, S. 312).

Dies führt unweigerlich zu der Frage, welche Parteien an einem Vertrauensprozess beteiligt sein können. Generell sind in einen Vertrauensprozess zwei Parteien involviert: eine Partei, die vertraut (Vertrauensgeber) und eine andere Partei, der Vertrauen entgegengebracht wird (Vertrauensnehmer) (vgl. Raimondo, 2000, S. 2). Diese Parteien können z.B. Individuen oder Organisationen sein. Demzufolge lassen sich vier verschiedene Formen des Vertrauens unterscheiden (vgl. Ahlert/Kenning/Petermann, 2001, S. 286):

1) interpersonales Vertrauen,
2) personales Vertrauen in Institutionen bzw. Systeme (organisationales Vertrauen),
3) Organisationsvertrauen in Personen und
4) interorganisationales Vertrauen.

Interpersonales Vertrauen kennzeichnet das Vertrauen zwischen Personen. Vertraut eine Person einer Institution, spricht man von organisationalem Vertrauen. Die Forschung zum Vertrauen hat sich lange Zeit auf das interpersonale Vertrauen konzentriert. Das Vertrauen von Personen in Institutionen bzw. Systeme hat erst durch die Arbeit von LUHMANN (2000) an Bedeutung gewonnen. Aus heutiger Sicht erscheint es unstrittig, dass Vertrauensnehmer neben Personen auch Institutionen, Systeme bzw. Organisationen wie Unternehmen,

Leistungen oder Standards sein können (vgl. Bouncken, 2000, S. 6; Lewicki/Bunker, 1996, S. 136; Anderson/Narus, 1990, S. 43; Zucker, 1983, S. 13f.). Das Organisationsvertrauen in Personen sowie das interorganisationale Vertrauen werden in der Literatur bislang nicht näher berücksichtigt. Vor dem Hintergrund der bisherigen Annahme, dass in der Realität Vertrauen nur durch eine Person gegeben werden kann (vgl. Bouncken, 2000, S. 6), ist die Beschränkung der derzeitigen Forschung auf das durch Personen induzierte Vertrauen verständlich.

Hinsichtlich der Dimensionalität des Konstruktes Vertrauen zeigen sich ebenfalls unterschiedliche Auffassungen. Einige Autoren begreifen Vertrauen als eindimensionales Konstrukt (Zaheer/Venkatraman, 1995; Crosby/Evans/Cowles, 1990; Dwyer/Schurr/Oh, 1987). Demgegenüber steht das Verständnis als mehrdimensionales Konstrukt, wobei Anzahl und Art der Dimensionen nicht übereinstimmend beschrieben werden (vgl. Raimondo, 2000, S. 4). Eine übergreifende Betrachtung verschiedener Konzeptualisierungen deutet darauf hin, dass Vertrauen zumindest zwei Dimensionen beinhaltet: eine affektive und eine kognitive Dimension. Vertrauen wird einerseits als Gefühl erlebt und andererseits als Ergebnis rationaler Erwägungen und Risikoabschätzungen empfunden (vgl. Ripperger, 1998, S. 97f.; McAllister, 1995, S. 29f.). Die affektive Komponente wird häufig durch das *Wohlwollen* repräsentiert. Die kognitive Komponente kennzeichnet oft *Glaubwürdigkeit* (vgl. z.B. Doney/Cannon, 1997; Kumar/Scheer/Steenkamp, 1995; Ganesan, 1994). Aus diesen Erkenntnissen ergibt sich zusammenfassend die folgende Arbeitsdefinition des Vertrauens:

Eine Person vertraut einer anderen Person bzw. einer Gruppe von Personen und/oder einer Organisation, wenn sie erwartet, dass diese sich glaubwürdig, wohlwollend und fair verhält, wodurch die Unsicherheit der vertrauenden Person reduziert wird.

II. Aufbau von Vertrauen

Oft wird davon ausgegangen, dass sich Vertrauen im Laufe der Zeit bzw. der Geschäftsbeziehung entwickelt und überwiegend durch die persönliche Erfahrung des Nachfragers mit dem Anbieter entsteht (vgl. Klein Woolthuis/Hillebrand/Nooteboom, 2002, S. 6; Ganesan, 1994, S. 5). Vertrauen ist jedoch bereits zu Beginn einer Dienstleistungsinteraktion ein entscheidender Faktor, damit diese überhaupt entsteht. Da zu diesem Zeitpunkt z. B. ein KMU nur wenig bzw. keine Erfahrungen mit einem Beratungsunternehmen hat, müssen andere Informationen als die eigene Erfahrung als Surrogate dienen.

Diese alternative Sichtweise berücksichtigt ZUCKER (1986) in ihrem Modell zum Aufbau von Vertrauen. Die Autorin geht von der Annahme aus, dass die Entstehung von Vertrauen im Wesentlichen auf drei Quellen zurückzuführen ist: eigenschaftsbasierte, prozessbasierte und institutionsbasierte Quellen, wobei beim Vertrauensaufbau nicht alle drei Quellen beteiligt sein müssen. Zu *eigenschaftsbasierten* Quellen des interpersonalen Vertrauens zählen personengebundene Merkmale (vgl. Zucker, 1986, S. 61f.). Eine vollständige Aufzählung aller personengebundenen Merkmale erscheint nicht möglich, da die Eigenschaften überwiegend subjektiv wahrgenommen werden. Empirische Untersuchungen haben ergeben, dass sich z. B. die persönliche Kommunikation, Kompetenz, Sympathie, Werteübereinstimmungen und Ähnlichkeit positiv auf den Prozess des Vertrauensaufbaus auswirken (vgl. Sharif/Kalafatis/Samouel 2005; Gierl, 1999; Doney/Cannon, 1997; Moorman/Deshpandé/Zaltman, 1993; Crowsby/Evans/Cowles, 1990). Wenn sich zwei Personen aufgrund ihrer Eigenschaften ähnlich sind, kann dieses eigenschaftsbasierte Vertrauen entstehen.

Als *prozessbasierte* Quelle dienen zunächst direkte Erfahrungen eines Nachfragers mit einem Anbieter. Gerade zu Beginn einer Geschäftsbeziehung aber fehlen diese Erfahrungen. Daher kommt der Reputation, verstanden als Einschätzung bzw. Eindruck von einer Person oder Organisation, eine besondere Bedeutung zu (vgl. Zucker, 1986, S. 62; Picot/Reichwald/Wigand, 2001, S. 126f). Prozessbasiertes Vertrauen generiert sich in diesem Fall aus Erfahrungen, die Dritte mit dem Anbieter im Rahmen der Austauschgeschäfte gemacht haben (vgl. auch Fukuyama, 1996; Granovetter, 1985, S. 490). Erfahrungen können dabei sowohl mit einer Person als auch mit einer Organisation gemacht werden, so dass prozessbasiertes Vertrauen zwischen zwei Personen (interpersonal) bzw. zwischen einer Person und einer Organisation (organisational) entstehen kann.

Quellen des *institutionsbasierten Vertrauens* umfassen Regelungen interorganisationaler Austauschbeziehungen und formaler Mechanismen (vgl. Zucker, 1986, S. 61ff.). Es handelt sich folglich um organisationales Vertrauen. ZUCKER (1986) unterscheidet insgesamt vier Gruppen institutioneller Elemente, die diese Form des Vertrauens aufbauen. Die *personen- bzw. organisationsspezifischen Handlungen* werden von einem Mitglied des Vertrauensnehmers ausgelöst. Als Beispiele sind Zertifizierungen und Mitgliedschaften in Verbänden genannt (vgl. Zucker, 1986, S. 61). Als weitere institutionsbasierte Vertrauensquelle dienen *Intermediäre* „resting on some form of guarantee that the transaction will take place as promised" (Zucker, 1986, S. 61). Intermediäre treten in der Rolle eines Vermittlers auf, der Vertrauen zwischen einem Nachfrager, der noch keine Erfahrung mit einem Anbieter hat, und diesem Anbieter schafft (vgl. Coleman, 1995, S. 232ff.). Als letzte Vertrauensquelle des institutionsbasierten Vertrauens dienen *institutionelle Regelungen*, wie z. B. Sanktionsmechanismen, durch die eine Standardisierung von Abläufen erreicht wird. Dadurch wird es möglich, dass sich Nachfrager eher auf eine Geschäftsbeziehung einlassen.

Abbildung 1 fasst die Zuordnung der Quellen des Vertrauens nach Zucker zu den beiden Vertrauensformen des interpersonalen und organisationalen Vertrauens zusammen. Übertragen auf den hier diskutierten Untersuchungsgegenstand entsteht interpersonales Vertrauen zwischen einem Berater und einem KMU aufgrund von Persönlichkeitsmerkmalen bzw. aufgrund von Erfahrungen bzw. der Reputation des Beraters. Organisationales Vertrauen entsteht auf der Basis von Erfahrungen eines KMU mit einem Beratungsunternehmen bzw., angesichts der Anbahnung einer Geschäftsbeziehung, aufgrund der Reputation des Beratungsunternehmens. Schließlich kann durch die Wahrnehmung und Bewertung der durch ein Beratungsunternehmen gegebenen personen- oder organisationsspezifischen Aktionen sowie durch Intermediäre oder Regelungen institutionsbasiertes Vertrauen als organisationales Vertrauen aufgebaut werden. Da sich die bisherige Forschung primär auf das interpersonale Vertrauen konzentriert und nur wenige empirisch gestützte Erkenntnisse zur Entstehung des organisationalen Vertrauens vorliegen, konzentriert sich der vorliegende Beitrag auf das organisationale Vertrauen.

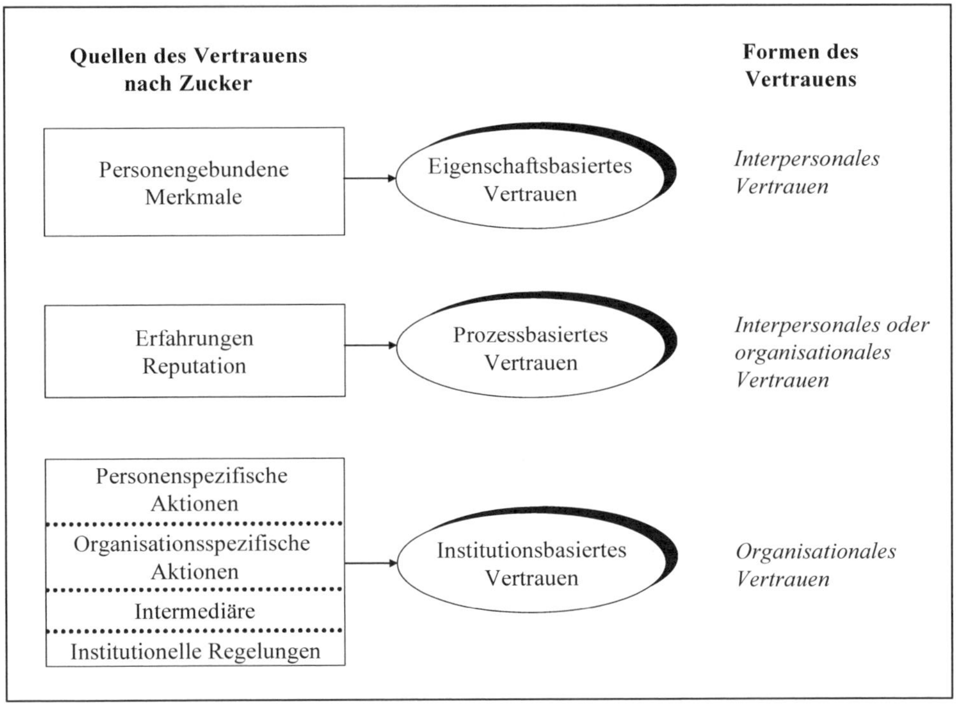

Abb. 1: Zuordnung der Quellen des Vertrauens nach Zucker zu den Vertrauensarten
Quelle: Eigene Darstellung, zusammengestellt und erweitert nach Zucker (1986), S. 60ff.

III. Konzeptualisierung und Ableitung von Hypothesen

1. Reputation des Beratungsunternehmens

Die Bedeutung der Reputation ist v.a. bei investiven Dienstleistungen in der Literatur unbestritten (vgl. Sharif/Kalafatis/Samouel, 2005, S. 411; Herzig/Watrin, 1995, S. 794). Sie gilt als einer der wichtigsten Schritte auf dem Weg zu einer vertrauensvollen Geschäftsbeziehung. Insbesondere zu Beginn einer Geschäftsbeziehung tritt die Reputation, dem Modell von ZUCKER folgend, an die Stelle der Erfahrung im Hinblick auf die Entstehung des prozessbasierten Vertrauens. Der Zusammenhang zwischen Reputation und Vertrauen wurde bereits auf unterschiedliche Weise empirisch nachgewiesen (vgl. z.B. Curran/Rosen/Surprenant, 1998; Doney/Cannon, 1997, Ganesan, 1994). CURRAN/ROSEN/SURPRENANT (1998, S. 118f.) konnten aufzeigen, dass der Aufbau von Vertrauen v.a. zu Beginn einer Geschäftsbeziehung durch die Reputation ermöglicht wird. Folglich kann angenommen werden, dass Beratungsunternehmen mit einer positiven Reputation zu Beginn einer Berater-KMU-Beziehung eher Vertrauen geschenkt wird als Unternehmen, die keine entsprechende Reputation besitzen. Diese Überlegungen führen zu folgender ersten Hypothese:

H1: Eine positive Reputation des Beratungsunternehmens wirkt sich positiv auf das Vertrauen eines KMU in das Beratungsunternehmen aus.

2. KMU-orientierte Öffentlichkeitsarbeit

Wie in den Ausführungen zum Modell von ZUCKER aufgezeigt, dient die Reputation als Quelle des prozessbasierten Vertrauens. In der Forschung zur Geschäftsbeziehung finden sich diverse Hinweise, dass kommunikationspolitische Instrumente den Aufbau der Reputation unterstützen (vgl. Ahlert/Kenning/Petermann, 2001, S. 288; Kirmani/Rao, 2000). Insbesondere der *Öffentlichkeitsarbeit* wird eine gute Möglichkeit zugesprochen, Reputation aufzubauen (vgl. Bouncken, 2000, S. 17). Entsprechend kann ein indirekter Einfluss der Öffentlichkeitsarbeit auf das Vertrauen über die Reputation vermutet werden (vgl. ähnlich Becker, 2001, S. 600). Dieser Auffassung folgend, wird in der vorliegenden Untersuchung von einer indirekten Beziehung zwischen Öffentlichkeitsarbeit und organisationalem Vertrauen ausgegangen. Aus den Überlegungen lässt sich folgende zweite Hypothese ableiten:

H2: KMU-orientierte Maßnahmen der Öffentlichkeitsarbeit wirken sich positiv auf die Reputation des Beratungsunternehmens aus.

3. KMU-spezifisches Leistungsspektrum

Durch das Konstrukt des KMU-spezifischen Leistungsprogramms wird das speziell auf die Bedürfnisse und Anforderungen der KMU ausgerichtete Leistungsprogramm des Beratungsunternehmens beschrieben. Ergebnisse inhaltlich verwandter Untersuchungen deuten darauf hin, dass ein KMU-spezifisches Leistungsspektrum für den Aufbau des Vertrauens zu Beginn einer Berater-Kunden-Beziehung von Bedeutung sein kann. MOORMAN/DESHPANDÉ/ZALTMAN (1993, S. 91) konnten nachweisen, dass die Bereitschaft, die Leistung an die individuellen Bedürfnisse und Anforderungen der Nachfrager anzupassen, einen positiven Effekt auf das Vertrauen in einer Geschäftsbeziehung hat. Diesen Anbietern wird eine höhere Kompetenz zugeschrieben, flexibler auf sich ändernde Kundenbedürfnisse zu reagieren (vgl. ähnlich Easton/Araujo, 1997). KMU haben einen spezifischen Beratungsbedarf. Daher ist unter Berücksichtigung dieser Erkenntnisse davon auszugehen, dass KMU eher einem Beratungsunternehmen vertrauen, das ein KMU-spezifisches Leistungsspektrum vorzuweisen hat. Entsprechend lautet die dritte Hypothese:

H3: Ein KMU-spezifisches Leistungsspektrum eines Beratungsunternehmens wirkt sich positiv auf das Vertrauen eines KMU in das Beratungsunternehmen aus.

4. Räumliche Nähe der Unternehmen

Forschungsergebnisse der Wirtschaftsgeographie zeigen, dass eine *räumliche Nähe von Unternehmen* die Unsicherheit der Marktteilnehmer reduzieren und den ökonomischen Austausch erleichtern kann (vgl. Storper/Venables, 2004; Hellmer et al., 1999, S. 87ff.). Der durch die räumliche Nähe bedingte gemeinsame kulturelle Erfahrungshintergrund kann dazu beitragen, dass der Austausch von Wissen und formellen sowie informellen Informationen erleichtert wird. Die regionale Nähe von Beratungsunternehmen zu KMU könnte also den Informationsaustausch erleichtern und eine kurzfristige Inanspruchnahme von Beratungsleistungen durch KMU ermöglichen. Bisherige Untersuchungen haben gezeigt, dass bei der Auswahl eines Beratungsunternehmens dessen räumliche Nähe für KMU wichtiger ist als für Großunternehmen (vgl. Grass, 2003, S. 19ff.; Wick, 2000, S. 166ff). Vor diesem Hintergrund ist davon auszugehen, dass die räumliche Nähe in Bezug auf die Vertrauensbildung der KMU vorteilhaft wirkt. Es lässt sich folgende Hypothese formulieren:

H4: Eine räumliche Nähe der Unternehmen hat eine positive Wirkung auf das Vertrauen eines KMU in ein Beratungsunternehmen.

5. Vermittlung durch Intermediäre

Neben den bisher durch das Beratungsunternehmen selbst induzierten Einflussfaktoren geht es bei der *Vermittlung durch Intermediäre* darum, bereits im Markt vorhandene Vertrauenspotenziale zu nutzen. ZUCKER zufolge kann die Anwesenheit Dritter dazu beitragen, dass Vertrauen in der Beziehung aufgebaut werden kann. Diese als Intermediäre bezeichneten Dritten können in verschiedenen Rollen auftreten (vgl. Coleman, 1995, S. 232ff.). Als besonders geeignet erscheinen solche Intermediäre, denen die Nachfrager selbst vertrauen und die kein Interesse an einer Beeinflussung der situativen Einstellung des Nachfragers haben (vgl. McColl-Kennedy, 2003, S. 23). Da KMU verhältnismäßig selten Beratungsunternehmen beauftragen und damit ein geringes Wissen über den Beratungsmarkt haben, ist zu vermuten, dass sie besonders dazu tendieren, sich bei Dritten Informationen über Beratungsunternehmen einzuholen. Empfiehlt ein Intermediär dem KMU ein Beratungsunternehmen, dem er selbst vertraut, kann dieses Vertrauen durch die Empfehlung an das KMU weitergegeben werden, so dass auch das KMU Vertrauen in das Beratungsunternehmen aufbaut (vgl. Jeschke, 2004, S. 263; Schade, 2000, S. 134). Folglich lautet die fünfte Hypothese:

H5: Die Vermittlung eines Beratungsunternehmens durch Intermediäre wirkt sich positiv auf das Vertrauen eines KMU in das Beratungsunternehmen aus.

6. Mitgliedschaft in Verbänden

Durch eine *Mitgliedschaft in einem Beraterverband* oder einem aus Sicht der KMU relevanten Verband bzw. einer Organisation[2] signalisiert das Beratungsunternehmen seine Akzeptanz des Mitgliedschaftsstandards des jeweiligen Verbandes. Die überwiegende Mehrheit der Beraterverbände in Deutschland hat bestimmte Aufnahmekriterien, die gewisse Anforderungen an ein Beratungsunternehmen stellen und Kompetenz bzw. Erfahrung der Berater voraussetzen. Da es für den deutschen Beratungsmarkt kaum Zutrittsbarrieren gibt, ist davon auszugehen, dass eine auf Freiwilligkeit beruhende Mitgliedschaft vertrauenserweckend wirkt. In ZUCKER's Modell zum Vertrauensaufbau werden Mitgliedschaften in Verbänden als organisationsspezifische Quellen des institutionsbasierten Vertrauens angesehen. Folglich kann davon ausgegangen werden, dass ein KMU eher in ein Beratungsunternehmen Vertrauen aufbauen kann, das Mitglied in einem Beraterverband ist. Die sechste Hypothese lautet demnach:

H6: Eine Mitgliedschaft in Beraterverbänden wirkt sich positiv auf das Vertrauen eines KMU in das Beratungsunternehmen aus.

7. Vertrauen in einen Berater

Schließlich wird angenommen, dass das Vertrauen in den Berater und das Vertrauen in das Beratungsunternehmen nicht unabhängig voneinander sind. Das Verhalten eines Mitarbeiters gegenüber seinen Kunden spiegelt die Kultur des Unternehmens wider. Wenn ein Kunde noch wenig Erfahrung mit dem Unternehmen gemacht hat, kann das Vertrauen in das Unternehmen auf der Basis des Vertrauens in den Mitarbeiter entstehen. Von soziologisch geprägten Überlegungen ausgehend, überträgt nach STRUB/PRIEST (1976) eine Person, die einer anderen vertraut, dieses Vertrauen auf einen der vertrauenden Person nahe stehenden Dritten, ohne diesen selbst näher zu kennen. Übertragen auf eine Geschäftsbeziehung bedeutet dies, dass ein Nachfrager, der einem Mitarbeiter des anbietenden Unternehmens vertraut, dieses Vertrauen auf das Unternehmen überträgt, auch wenn er das Unternehmen nicht näher kennt. Den Überlegungen folgend ist davon auszugehen, dass ein KMU ein in seinen Berater aufgebautes Vertrauen auf das Beratungsunternehmen überträgt. Entsprechend lässt sich die siebte Hypothese wie folgt formulieren:

H7: Vertraut ein KMU seinem Berater, wirkt sich dieses Vertrauen positiv auf das Vertrauen des KMU in das Beratungsunternehmen aus.

8. Auswirkung des organisationalen Vertrauens auf die Projektbeauftragung

Wie die bisherigen Ausführungen gezeigt haben, kann davon ausgegangen werden, dass ein KMU überwiegend nur dann ein Beratungsunternehmen beauftragen wird, wenn es in der Phase der Projektanbahnung Vertrauen zum Beratungsunternehmen aufbauen konnte. Ein KMU wird eher zu einer Entscheidung für das anbietende Unternehmen bereit sein, wenn es ihm vertraut (vgl. auch Andaleeb, 1992, S. 6ff.). Einen positiven, jedoch nicht signifikanten Zusammenhang zwischen dem Vertrauen in ein Zulieferunternehmen und die Auswahl des Unternehmens konnten DONEY/CANNON in ihrer Untersuchung feststellen (vgl. Doney/Cannon, 1997, S 41). Innerhalb einer B2C-Beziehung konnte EINWILLER einen positiven Zusammenhang zwischen dem Vertrauen in das anbietende Unternehmen und der Kaufabsicht bei diesem Unternehmen im E-Commerce nachweisen (vgl. Einwiller, 2003, S. 219). Aus diesen Überlegungen und der Einbeziehung der bisherigen Forschung kann gefolgert werden, dass das Vertrauen des KMU zum Beratungsunternehmen einen positiven Einfluss auf die Beauftragung des Beratungsunternehmens für das anstehende Beratungsprojekt („Projektbeauftragung") hat. Im vorliegenden Kontext wird unter der *Projektbeauftragung* die subjektive Einschätzung der KMU hinsichtlich der Kaufabsicht einer Beratungsleistung bei einem konkreten Beratungsunternehmen verstanden. Es lässt sich folgende Hypothese formulieren:

H8: Vertraut ein KMU einem Beratungsunternehmen, wirkt sich dies positiv auf eine vertrauensvolle Projektbeauftragung aus.

C. Empirische Untersuchung

I. Datengrundlage

Zur Überprüfung der Hypothesen wurden die Inhaber bzw. Geschäftsführer von 1.986 kleinen und mittleren Unternehmen in Deutschland mit einem standardisierten Fragebogen schriftlich befragt. Als KMU wurden Unternehmen definiert, die bis zu 500 Beschäftigte sowie einen Jahresumsatz von bis zu 50 Mio. Euro aufwiesen, dabei konzernunabhängig waren, vom Inhaber und/oder einer anderen Person geführt wurden und in ihren Ressourcen eingeschränkt waren (zu den Definitionskriterien für KMU vgl. u.a. IFM Bonn, 2005; Europäische Kommission, 2003; Günterberg/Wolter, 2002, S. 3; Krimphove/Tytko, 2002, S.9; Rohlfing/Funck, 2002; Mugler, 1998, S. 32).

261 verwertbare Datensätze konnten in die Auswertung einbezogen werden, was einer Rücklaufquote von 13% entspricht. Ein Test zur Feststellung eines etwaigen Non-Response-Bias führte zu keiner Einschränkung des Samples. In der Stichprobe waren Industrie- und Dienstleistungsunternehmen in etwa gleich vertreten. Der Maschinen- und Anlagenbau stellte mit 11,9% der Unternehmen den größten Anteil. 20% der Unternehmen sind auf der Grundlage des Jahresumsatzes und der Anzahl der Beschäftigten den Kleinunternehmen zuzuordnen, d.h. diese Unternehmen haben einen Jahresumsatz von bis zu € 1 Mio. und weniger als 10 Beschäftigte. Die anderen Unternehmen entsprechen einem Mittelunternehmen.

II. Operationalisierung der Konstrukte

Zur Operationalisierung der Konstrukte konnte teilweise auf in der Literatur vorhandene Indikatoren zurück gegriffen werden. Für das Konstrukt *Vertrauen in ein Beratungsunternehmen* erwiesen sich insbesondere die Skalen von DONEY/CANNON (1997, S. 48) und ZAHEER/McEVILY/PERRONE (1998, S. 148) als hilfreich. Das Konstrukt wurde über sechs Indikatoren gemessen. Im Rahmen der Gütebeurteilung nach den Kriterien der ersten und zweiten Generation (vgl. Homburg, 2000, S. 75; Fornell, 1986) wurden alle geforderten Anspruchsniveaus[3] deutlich erfüllt, so dass die Messung dieses Konstruktes als sehr zufriedenstellend beurteilt werden kann. Die Indikatoren des Konstruktes *Vertrauen in einen Berater* wurden insbesondere in Anlehnung an die Skalen von GIERL (1999, S. 203) und KÖPPEN (1999, S. 155) ausgewählt. Das Konstrukt wurde über sieben Indikatoren gemessen. Die Kriterien der Gütebeurteilung wurden ausnahmslos erfüllt, so dass eine Reduktion einzelner Indikatoren nicht erforderlich war.

Für die Operationalisierung der *Reputation des Beratungsunternehmens* stellte sich insbesondere die Skala von EINWILLER (2003, S. 187f.) als geeignet heraus. Das Konstrukt wurde über drei Indikatoren gemessen. Bei der Gütebeurteilung konnten alle Anspruchsniveaus deutlich übertroffen werden, so dass kein Indikator eliminiert werden musste. Für weitere Konstrukte lieferte die Literatur keine oder unzureichende Ansätze. Daher wurden auf der Grundlage geeigneter Konzeptualisierungen und umfangreicher qualitativer Voruntersuchungen eigene Skalen entwickelt, und zwar für die Konstrukte *KMU-orien-*

tierte Öffentlichkeitsarbeit (vier Items), *KMU-orientiertes Leistungsspektrum* (vier Items), *räumliche Nähe der Unternehmen* (vier Items), *Vermittlung durch Intermediäre* (ursprünglich vier Items) und *Mitgliedschaft in Verbänden* (drei Items). Die jeweiligen Gütebeurteilungen erbrachten mit Ausnahme des Konstruktes *Vermittlung durch Intermediäre* zufriedenstellende Ergebnisse. Nach der Eliminierung eines Indikators wurden auch bei diesem Konstrukt die Anspruchsniveaus überschritten, so dass alle Faktoren in die Untersuchung einbezogen werden konnten. Gleiches gilt für das Konstrukt der *Projektbeauftragung,* da in der Literatur eine mehrdimensionale Skalierung, die eine Kaufentscheidung bei einem Erstkauf abbildet, kaum Beachtung findet. Auch hier wurde der Faktor, gemessen über drei Items, aufgrund einer zufriedenstellenden Gütebeurteilung beibehalten.

III. Ergebnisse der Hypothesenprüfung

Zur Überprüfung der Hypothesen wird ein Strukturgleichungsmodell herangezogen, mit dessen Hilfe sich Rückschlüsse auf die Abhängigkeiten zwischen den latenten Variablen erkennen lassen (vgl. zur Vorgehensweise z. B. Riekeberg, 2002). Die Modellbeurteilung kann insgesamt als noch zufriedenstellend angesehen werden. Drei der fünf geforderten globalen Anpassungsmaße entsprechen den geforderten Schwellenwerten (vgl. zu den Kriterien z. B. Diamantopoulos/Siguaw, 2000, S. 82ff.; Homburg/Giering, 1996, S. 9; Sharma, 1996, S. 157ff. sowie Endnote iii). Sowohl χ^2/df (1,026), als auch RMSEA (0,008) und CFI (0,998) liefern gute Werte. Der GFI (0,881) bleibt leicht unter dem geforderten Anspruchsniveau von 0,9, ebenso der AGFI (0,862). Demnach ist das Modell nicht ideal an die empirischen Daten angepasst. Um eine verbesserte Anpassung zu erreichen, wäre eine Modellmodifikation denkbar. Möglichkeiten ergeben sich sowohl durch Veränderungen in den Zusammenhängen der vorhandenen Konstrukte als auch durch die Eliminierung bzw. Hinzunahme weiterer Konstrukte (vgl. Homburg/Pflesser, 2000, S. 652f.). Die Modellspezifikationen müssten sich aus den theoretischen Grundlagen ableiten. Eine ausschließliche Veränderung der Struktur zur Verbesserung des Modellfits ohne theoretische Fundierung würde nicht nur den konfirmatorischen Charakter der Kausalanalyse in Frage stellen, sondern auch Zweifel aufkommen lassen, ob durch das Modell dann noch die inhaltliche Realität wiedergegeben würde (vgl. Laurent, 2000, S. 178). Jedoch ist es nicht erforderlich, dass alle Mindestmaße ausnahmslos erfüllt werden müssen. Insbesondere bei komplexen Modellen ist das Unterschreiten einzelner Mindestmaße eher zu akzeptieren als bei kleinen Modellen, da die Mindestwerte von der Komplexität eines Modells abhängen (vgl. Homburg, 2000, S. 93; McQuitty, 1999; Anderson/Narus, 1990, S. 48). Vor diesem Hintergrund wurde keine Modellanpassung vorgenommen. Das Modell ist in Abbildung 2 dargestellt.

Bei der Betrachtung der Wirkungszusammenhänge (vgl. Abb. 2) zeigt sich, dass mit Ausnahme der Hypothese 5 alle postulierten Effekte auf einem signifikanten Niveau vorläufig bestätigt werden können. Betrachtet man weiterhin die Stärke des Zusammenhangs zwischen den endogenen und exogenen Variablen, so zeigt sich, dass von den exogenen Variablen das *Vertrauen in einen Berater* den stärksten Einfluss ($\gamma_{26} = 0{,}55$) auf das Vertrauen in ein Beratungsunternehmen hat. Die *Reputation des Beratungsunternehmens* übt den zweitstärksten direkten Einfluss ($\beta_{23} = 0{,}28$) auf das Vertrauen in ein Beratungsunter-

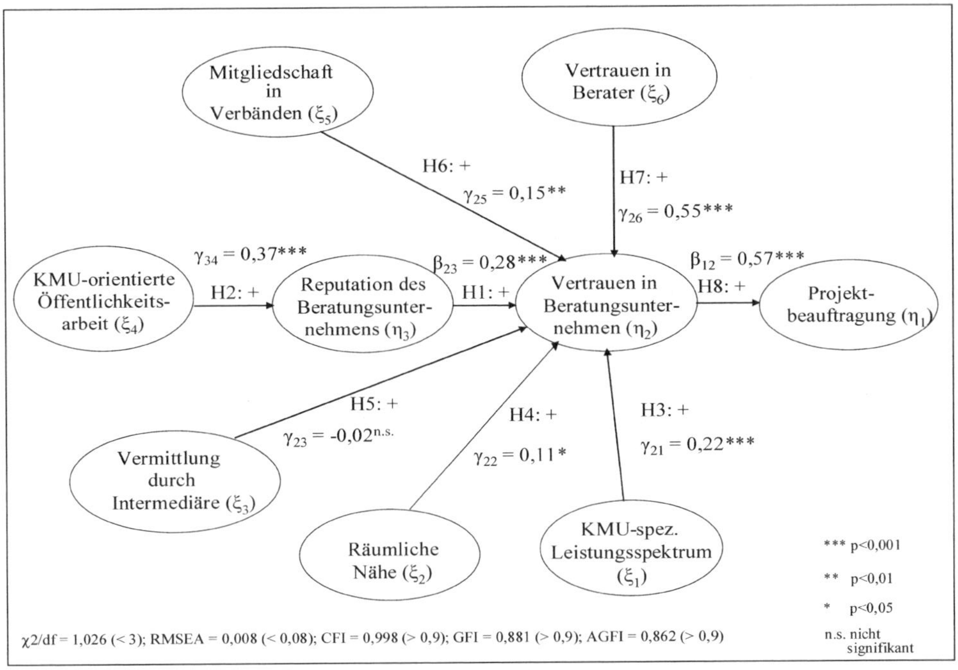

Abb. 2: Modell zu Einflussfaktoren des organisationalen Vertrauens
Quelle: Eigene Untersuchung

nehmen aus. Dieses Ergebnis deckt sich mit einigen empirischen Befunden in der Literatur. In einer Studie von SHARIF/KALAFATIS/SAMOUEL (2005, S. 417), die ebenfalls bei KMU durchgeführt wurde, zeigte sich, dass für KMU die Reputation der wichtigste Faktor zum Vertrauensaufbau ist.

Einen ähnlich hohen Einfluss übt das auf die Bedürfnisse der KMU ausgerichtete *Leistungsspektrum eines Beratungsunternehmens* aus (γ_{21} = 0,22). Dieser Faktor war in bisherigen Untersuchungen zum Vertrauensaufbau in der Form nicht berücksichtigt worden. Umso interessanter ist sein deutlich positiver Effekt beim Aufbau organisationalen Vertrauens, so dass Hypothese H3 vorläufig bestätigt werden kann. Auf Basis der Ergebnisse kann weiterhin ein *indirekter Einfluss* der *KMU-orientierten Öffentlichkeitsarbeit* auf das Vertrauen eines KMU in ein Beratungsunternehmen nachgewiesen werden. Über die Reputation des Beratungsunternehmens wirkt sie signifikant positiv mit einem aufsummierten Effekt von 0,10 auf das organisationale Vertrauen ein.

Weitere interessante Ergebnisse liefern die beiden auf den Grundlagen des Modells von ZUCKER postulierten positiven Effekte einer *Mitgliedschaft in Verbänden* sowie einer *Vermittlung durch Intermediäre* auf das Vertrauen in ein Beratungsunternehmen. Der vermutete positive Einfluss für das Konstrukt der Mitgliedschaft in Verbänden konnte auf einem signifikanten Niveau vorläufig bestätigt werden (γ_{25} = 0,15). Hingegen konnte der postulierte positive Zusammenhang zwischen der Vermittlung durch Intermediäre und dem

Vertrauen in ein Beratungsunternehmen nicht nachgewiesen werden. Der Zusammenhang war schwach negativ (γ_{23} = -0,02), jedoch auf einem nicht signifikanten Niveau. Hypothese H5 kann somit nicht bestätigt werden. Begründet werden könnte dies damit, dass ein KMU nicht immer selbst Initiator einer Beratungsleistung ist. In einigen Fällen geht die Kontaktaufnahme zu einem Beratungsunternehmen auf die Forderung nach einer Beratung durch einen Dritten (wie z. B. Banken oder Wirtschaftsprüfer) zurück. Wenn ein KMU diesem Dritten gegenüber selbst kein oder nur ein geringes Vertrauen hat, wird es auch zu Beginn der Geschäftsbeziehung kein Vertrauen zu dem Beratungsunternehmen aufbauen können.

Abschließend zur Überprüfung der postulierten Zusammenhänge wird der in Hypothese H8 unterstellte positive Effekt des Vertrauens in ein Beratungsunternehmen auf die *Projektbeauftragung* überprüft. Der Zusammenhang zwischen dem Vertrauen in ein Beratungsunternehmen und der Projektbeauftragung ist auf einem 1%-Niveau signifikant und weist mit β_{12} = 0,57 eine beachtliche Stärke auf. Hypothese H8 kann folglich vorläufig bestätigt werden.

D. Implikationen für Forschung und Praxis

I. Implikationen für die Forschung

Ziel des vorliegenden Beitrags war es, die Determinanten des Vertrauens in Dienstleistungsbeziehungen zwischen Unternehmen zu identifizieren. Anhand einer empirischen Untersuchung der Beziehung zwischen Beratungsunternehmen und kleinen und mittleren Unternehmen sollte die Relevanz insbesondere des organisationalen Vertrauens herausgearbeitet werden. Auf der Basis des Modells von ZUCKER (1986) zum Aufbau von Vertrauen wurde ein eigenes Strukturgleichungsmodell erarbeitet. Dieses Modell zeigt, dass Vertrauen bereits zu Beginn einer Geschäftsbeziehung einen sehr positiven Einfluss auf die Beauftragung eines Beratungsunternehmens hat. Weiterhin konnte dargestellt werden, dass vor allem die Reputation des Beratungsunternehmens, unterstützt durch eine zielgruppenorientierte Öffentlichkeitsarbeit, sowie ein KMU-spezifisches Leistungsprogramm wesentlich für die Etablierung dieses Vertrauens sind.

Damit konnte konzeptionell und empirisch eine wichtige Forschungslücke geschlossen werden. Die Untersuchung demonstriert, dass neben interpersonalem auch organisationales Vertrauen einen wesentlichen Einfluss auf Dienstleistungsinteraktionen zwischen Unternehmen hat. Zudem zeigt der Beitrag empirisch geprüfte Ansatzpunkte für Elemente organisationalen Vertrauens. Insgesamt erweitern die hier vorliegenden Ergebnisse die betriebswirtschaftliche Forschung zu KMU-relevanten Themen. Darüber hinaus ergeben sich möglicherweise interessante Ableitungen für andere komplexe Dienstleistungen, bei denen ebenfalls das Vertrauen eine sehr große Bedeutung hat, wie z. B. bei medizinischen, Finanz- oder auch Bildungsdienstleistungen. Schließlich leiten sich wichtige Ansatzpunkte für das Marketing ab, das Spannungsfeld zwischen Beratungsbedarf der KMU und tatsächlicher Inanspruchnahme von Beratungsleistungen zu bewältigen.

Aus den Ergebnissen des vorliegenden Beitrags gehen Impulse für weitere Forschungsfragen aus. Eine interessante Weiterentwicklungsmöglichkeit des vorgestellten Modells ist die Einbeziehung moderierender Effekte, wie z. B. der Bereitschaft eines KMU zur Beratung oder der generellen Bereitschaft einer Person Vertrauen aufzubauen. Eine Ausweitung der national angelegten Untersuchung auf einen internationalen Rahmen könnte interessante, kulturell bedingte Unterschiede sowohl hinsichtlich der Bedeutung des Vertrauens bei der Auswahl der Geschäftspartner als auch hinsichtlich der Einflussfaktoren des Vertrauensaufbaus zutage bringen. Da Vertrauen eng mit der Existenz und Wahrnehmung von Unsicherheit verbunden ist, kann davon ausgegangen werden, dass das Vertrauen in Kulturen mit einem differenzierten Maß an Unsicherheitsvermeidung eine unterschiedliche Relevanz besitzt. Entsprechend ist zu vermuten, dass das Vertrauen bei der Auswahl eines Geschäftspartners in Kulturen, bei denen die Vermeidung von Unsicherheiten eine eher geringe Bedeutung hat, deutlich weniger relevant ist als in Kulturen mit einem hohen Maß an Unsicherheitsvermeidung. Darüber hinaus könnte der von der Akzeptanz der länderspezifischen Werte, Normen oder Verhaltensweisen anzunehmende positive Einfluss auf den Vertrauensaufbau in weitergehenden interkulturell angelegten Forschungen empirisch überprüft werden.

Im Gegensatz zu der hier angewandten statischen Betrachtung könnte eine dynamische Betrachtung wertvolle Hinweise auf Entwicklungspfade, kritische Situationen und Empfehlungen erbringen, wie Vertrauen im Zeitverlauf aufgebaut und beibehalten werden kann. In diesem Zusammenhang bietet sich eine intensivere Auseinandersetzung der erst in Ansätzen diskutierten Stadien des Vertrauens innerhalb einer Geschäftsbeziehung an (vgl. Curran/Rosen/Surprenant, 1998, S. 114ff.). So ist davon auszugehen, dass über die Dauer einer Geschäftsbeziehung andere Faktoren für die Sicherung und Festigung des Vertrauens eine Rolle spielen als zu Beginn einer Geschäftsbeziehung. Darüber hinaus wäre auch eine breiter und tiefer gehende Analyse der Konsequenzen des Vertrauens möglich. Insbesondere die Untersuchung der Auswirkungen auf den Erfolg eines Beratungsprojektes wäre ein interessanter Untersuchungsgegenstand. Unter der Annahme, dass Kunden, die bereits erfolgreich mit Beratern zusammen gearbeitet haben, eine höhere Vertrauensbasis als unerfahrene Kunden haben, könnte die Wirksamkeit und damit der Erfolg der Beratungsleistung gesteigert werden (vgl. Wohlgemuth, 1996, S. 40). Durch ein besseres Verständnis des Konstruktes Vertrauen im Verlauf einer Geschäftsbeziehung könnte die Beziehung zwischen Berater und KMU besser verstanden werden, was sich wiederum positiv auf den Beratungserfolg auswirken könnte.

II. Implikationen für die Praxis

Entsteht zwischen einem KMU und einem Beratungsunternehmen bereits in der Phase der Projektanbahnung Vertrauen, wirkt sich dies positiv auf den Erfolg des Beratungsprojektes aus. Für Beratungsunternehmen ist daher nochmals hervorzuheben, dass der Aufbau von Vertrauen bereits zu Beginn einer Berater-Kunden-Beziehung notwendig und zudem lohnenswert ist. Die Ergebnisse der Untersuchung weisen darauf hin, dass bei dieser Herausforderung insbesondere die Reputation des Beratungsunternehmens und ein KMU-orientiertes Leistungsspektrum unterstützende Faktoren sind.

Zur Steigerung der Reputation eignen sich, wie sich gezeigt hat, Instrumente der zielgruppenorientierten Öffentlichkeitsarbeit, wobei sich für Beratungsunternehmen insbesondere Publikationen, Pressemitteilungen, Seminare bzw. Workshops und Fachvorträge eignen (vgl. Fischer, 2003, S. 129; Grass, 2003, S. 22f.; Kubr, 2002, S. 659ff.). Insbesondere in Zeiten einer eher negativen öffentlichen Meinung über die Beratungsbranche können entsprechende Maßnahmen der Öffentlichkeitsarbeit eine positive Reputation erzeugen und damit letztendlich zum Vertrauensaufbau beitragen.

Die Ausrichtung des Leistungsspektrums auf die spezifischen Anforderungen und Bedürfnisse der KMU trägt zum Vertrauensaufbau bei. Entsprechend sollte ein auf KMU spezialisiertes Beratungsunternehmen sein Leistungsspektrum überprüfen und bei Bedarf Änderungen vornehmen. Vermittelt werden kann ein KMU-orientiertes Leistungsspektrum eines Beratungsunternehmens beispielsweise durch Veröffentlichung oder im Rahmen einer Fachmesse anhand eines konkreten Beratungsprojektes, das einen Teil oder das gesamte Leistungsspektrum abbildet.

Schließlich ist von einem Beratungsunternehmen zu berücksichtigen, dass das Vertrauen der KMU in das Beratungsunternehmen erheblich durch das Vertrauen in den Berater beeinflusst wird. Beratungsunternehmen müssen sich daher der Komplexität der Wechselbeziehungen zwischen interpersonalem und organisationalem Vertrauen bewusst werden und dies nicht nur im Marketing, sondern auch in der Personalpolitik entsprechend berücksichtigen.

Anmerkungen

1 In der betriebswirtschaftlichen Beratungsforschung hat sich der Begriff Unternehmensberatung durchgesetzt. In der vorliegenden Arbeit werden darunter die Strategie- und Organisationsberatung sowie IT-Beratung verstanden. In der Managementliteratur bzw. angloamerikanischen Literatur finden sich Begriffe wie Managementberatung, Consulting, Management Consulting, Betriebsberatung, Organisationsberatung oder Industrieberatung, die meist synonym verwendet werden. Vgl. zu einer Übersicht der verschiedenen Begriffe Kohr (2000), S. 14.

2 Im Folgenden wird der Einfachheit halber der Begriff „Verband" genutzt, der im vorliegenden Beitrag auch Organisationen einschließt.

3 Es wurden folgende Gütekriterien mit den jeweiligen Anspruchsniveaus gefordert: Gütekriterien der ersten Generation: Cronbach Alpha $\geq 0{,}7$; Item To Total-Korrelation: Eliminierung des Indikators, der die niedrigste Item To Total-Korrelation aufweist, wenn Cronbachsches Alpha $< 0{,}7$; Erklärte Varianz $\geq 0{,}5$; Gütekriterien der zweiten Generation: $\chi^2/df \leq 3$; RMSEA $\leq 0{,}08$;GFI $> 0{,}9$; AGFI $> 0{,}9$; CFI $> 0{,}9$; Indikatorreliabilität (IR) $\geq 0{,}4$; t-Wert der Faktorladung $\geq 1{,}645$; Faktorreliabilität (FR) $\geq 0{,}6$; Durchschnittlich erfasste Varianz (DEV) $\geq 0{,}5$ (vgl. u.a. Homburg/Giering, 1996, S. 8ff.).

Literatur

Ahlert, D.; Kenning, P.; Petermann, F. (2001): Die Bedeutung von Vertrauen für die Interaktionsbeziehungen zwischen Dienstleistungsanbietern und -nachfragern, in: Bruhn, M.; Stauss, B. (Hrsg.): Dienstleistungsmanagement Jahrbuch 2001, 279–297, Wiesbaden.

Andaleeb, S. (1992): The trust concept: research issues for channels of distribution, in: Research in Marketing, 11, 1–34.

Anderson, E.; Weitz, B. (1989): Determinants of continuity in conventional industrial channel dyads, in: Marketing Science, 8, 310–323.

Anderson, J.C.; Narus, J.A. (1990): A model of distributor firm and manufacturer firm working partnerships, in: Journal of Marketing, 54, 44–53.

Barchewitz, Ch.; Armbrüster, Th. (2004): Unternehmensberatung. Marktmechanismen, Marketing, Auftragsakquisition, Wiesbaden.

Becker, J. (2001): Marketing-Konzeption. Grundlagen des ziel-strategischen und operativen Marketing-Managements, 7. Aufl., München.

BDU Fact & Figures (2004): Fact and Figures zum Beratermarkt 2004. Bundesverband Deutscher Unternehmensberater e.V., Bonn.

Bouncken, R. (2000): Vertrauen – Kundenbindung – Erfolg? Zum Aspekt des Vertrauens bei Dienstleistungen, in: Bruhn, M.; Stauss, B. (Hrsg.) Dienstleistungsmanagement Jahrbuch 2000, Wiesbaden, 5–22.

Coleman, J.S. (1995): Grundlagen der Sozialtheorie, Band 1 : Handlungen und Handlungssysteme, München.

Corsten, H.; Dresch, K.-M.; Gössinger, R. (2005): Wettbewerbsstrategien für Dienstleistungen. Konzeptionelle Grundlagen und Ansatzpunkte für Konkretisierungen, in: Corsten, H.; Gössinger, R. (Hrsg.): Dienstleistungsökonomie. Beiträge zu einer theoretischen Fundierung. Berlin, 360–403.

Crosby, L.A.; Evans, K.R.; Cowles, D. (1990): Relationship quality in services selling: an interpersonal influence perspective, in: Journal of Marketing, 54, July, 68–81.

Curran, J.M.; Rosen, D.E.; Surprenant, C.F. (1998): The Development of Trust: An Alternative Conceptualization, in: Proceedings of the 27th EMAC Conference, Track 1, Stockholm, 111–130.

Däfler, M-N.; Rexhausen, D. (1999): Gut beraten! Erfolgreiches Consulting für Berater und Kunden, Wiesbaden.

Dagger, T.; Lawley, M. (2003): Service Quality, in: McColl-Kennedy, J. (Hrsg.): Service marketing – a managerial approach. Milton, 72–100.

Deutsch, M. (1958): Trust and Suspiction, in: Journal of Conflict Resolution, 2, 265–279.

Diamantopoulos, A.; Siguaw, J.A. (2000): Introducing LISREL: A guide for the uninitiated, London u.a.

Doney, P.M.; Cannon, J.P. (1997): An Examination of the Nature of Trust in Buyer-Seller Relationships, in: Journal of Marketing, 61, April, 35–51.

Dwyer, F.R.; Schurr, P.H.; Oh, S. (1987): Developing Buyer-Seller-Relationships, in: Journal of Marketing, April, 11–27.

Easton, G; Araujo, L. (1997): Management research and literary criticism, in: British Jounral of Management, 8, 99–106.

Einwiller, S. (2003): Vertrauen durch Reputation im elektronischen Handel, Diss., Wiesbaden.

Europäische Kommission (2003): Empfehlung der Kommission vom 6. Mai 2003 betreffend die Definition der Kleinstunternehmen wie der kleinen und mittleren Unternehmen, K(2003)1422, Brüssel.

Evanschinsky, H. (2003): Erfolg in Dienstleistungsnetzwerken. Ein Netzwerkmarketingansatz. Wiesbaden.

Faust, M. (2002): Warum boomt die Managementberatung – und warum nicht zu allen Zeiten und überall?, in: Managementsoziologie: Themen, Desiderate, Perspektiven. München u.a., S. 19–55.

Fischer, St.J. (2003): Internetgestützte Managementinformationssysteme für Consultingunternehmen, Diss., Rostock.

Ford, D. (1980): The Development of Buyer-Seller-Relationships in Industrial Markets, in: European Journal of Marketing, 14, S. 339–353.

Fornell, C. (1986): A Second Generation of Multivariate Analysis: Classification of Methods and Implications for Marketing Research, Working Paper, University of Michigan, Michigan.

Fukuyama, F. (1996): Trust: the social virtues and the creation of prosperity, New York.

Ganesan, S. (1994): Determinants of long-term orientation in buyer-seller relationship, in: Journal of Marketing, 58, April, 1–19.

Garbarino, E.; Johnson, M.S. (1999): The Different Roles of Satisfaction, Trust, and Commitment in Customer Relationships, in: Journal of Marketing, 63, April, 70–87.

Ghobadian, A.; Gallear, D. (1997): TQM and organisation size, in: International Journal of Operations and Production Management, 17, 121–163.

Gierl, H. (1999): Vertrauen im Beratungsgeschäft, in: Jahrbuch der Absatz- und Verbrauchsforschung, 45, S. 195–213.

Granovetter, M. (1985): Economic Action and Social Structure: A Theory of Embeddedness, in: American Journal of Sociology, 91, 481–510.

Grass, B. (2003): Empirische Studie zum Marketingmanagement von Unternehmensberatungen (Unternehmensbefragung). Unveröffentlichte Studie, Köln.

Günterberg, B.; Wolter, H.-J. (2002): Mittelstand in der Europäischen Union, in: Institut für Mittelstandsforschung Bonn (Hrsg.): Unternehmensgrößenstatistik 2001/2002, 304–318.

Haake, K. (2005): Beratung in Klein- und Mittelunternehmen (KMU), in: Bamberger, I. (Hrsg.): Strategische Unternehmensberatung. Konzeption – Prozesse – Methoden. 4. aktualisierte und erw. Aufl., Wiesbaden, 237–264.

Hellmer, F.; Friese, Ch.; Krollos, H.; Krumbein, W. (1999): Mythos Netzwerke. Regionale Innovationsprozesse zwischen Kontinuität und Wandel, Berlin.

Herzig, N.; Watrin, C. (1995): Obligatorische Rotation des Wirtschaftsprüfers – ein Weg zur Verbesserung der externen Unternehmenskontrolle, in: Schmalenbachs Zeitschrift für betriebswirtschaftliche Forschung, 47, 775–804.

Homburg, Ch. (2000): Kundennähe von Industriegüterunternehmen: Konzeption, Erfolgsauswirkungen, Determinanten, 3. aktualisierte Aufl., Wiesbaden.

Homburg, Ch.; Giering, A. (1996): Konzeptualisierung und Operationalisierung komplexer Konstrukte – Ein Leitfaden für die Marketingforschung, in: Marketing – Zeitschrift für Forschung und Praxis, 18, Nr. 1, 5–24.

Homburg, Ch.; Pflesser, P. (2000): Strukturgleichungsmodelle mit latenten Variablen: Kausalanalyse, in: Herrmann, A.; Homburg, Ch. (Hrsg.): Marktforschung: Methoden, Anwendungen, Praxisbeispiele, 2. aktualisierte Aufl., Wiesbaden, 633–659.

Institut für Mittelstandsforschung Bonn (IfM Bonn) (2005): Mittelstand – Definition und Schlüsselzahlen. http://www.ifm-bonn.de/dienste/daten.htm. [Zugriff: 11.01.2005]

Jeschke, K. (2004): Marketingmanagement der Beratungsunternehmung. Theoretische Bestandsaufnahme sowie Weiterentwicklung auf Basis der betriebswirtschaftlichen Beratungsforschung. Dt. Universitäts-Verlag, Wiesbaden.

Kantsperger, R.; Kunz, W.H.; Meyer, A. (2004): Wettbewerbsstrategien internationaler Dienstleistungsunternehmen, in: Gardini, M.; Dahlhoff, H.D. (Hrsg.): Management internationaler Dienstleistungen. Kontext – Konzepte – Erfahrungen. Wiesbaden, 111–133.

Kayser, G. (1997): Unternehmensführung, in: Pfohl, H.-C. (Hrsg.): Betriebswirtschaftslehre der Klein- und Mittelbetriebe. Größenspezifische Probleme und Möglichkeiten zu ihrer Lösung, 3. Aufl., Berlin, 81–102.

Kieser, A. (1998): Unternehmensberater – Händler in Problemen, Praktiken und Sinn, in: Glaser, H.; Schröder, E.F.; v. Werder, A. (Hrsg.): Organisation im Wandel der Märkte, Festschrift für Erich Frese, Wiesbaden, 191–226.

Kipping, M. (2002): Jenseits von Krise und Wachstum. Der Wandel im Markt für Unternehmensberatung, in: zfo – Zeitschrift Führung und Organisation, 71, 269–276.

Kirmani, A.; Rao, A.R. (2000): No Pain, No Gain: A Critical Review of the Literture on Signaling Unobservable Product Quality, in: Journal of Marketing, 64, April, 66–79.

Klein Woolthuis, R.; Hillebrand, B.; Nooteboom, B. (2002): Trust and formal control in interorganizational relationships. Rotterdam School of Management, Rotterdam.

Köppen, R. O. (1999): Erfolgsfaktoren von Unternehmensberatungen: Die Nachfolgeregelung in kleinen und mittleren Unternehmen. Diss., Wiesbaden.

Kohr, J. (2000): Die Auswahl von Unternehmensberatungen. Klientenverhalten – Beratermarketing. Diss., München, Mering.

Krimphove, D.; Tytko, D. (2002): Der Begriff „mittelständische Unternehmen" in betriebswirtschaftlicher und juristischer Diskussion, in: Krimphove, D. (Hrsg.): Praktiker-Handbuch Unternehmensfinanzierung: Kapitalbeschaffung und Rating für mittelständische Unternehmen, Stuttgart, 3–14.

Kubr, M. (2002): Management Consulting. A Guide to the profession. 4th Edition, Genf.

Kumar, N.; Scheer, L.K.; Steenkamp, J. (1995): The Effects of Supplier Fairness on Vulnerable Resellers, in: Journal of Marketing Research, 32, February, 54–65.

Lachnit, L.; Müller, St. (1993): Nutzung von Unternehmensberatung in mittelständischen Unternehmen, in: Der Betrieb, 28, 1381–1386.

Laurent, G. (2000): Improving the external validity of marketing models: A plea for more qualitative input, in: International Journal of Research in Marketing, 17, 177–182.

Lewicki, R. J.; Bunker, B. B. (1996): Developing and Maintaining Trust in Work Relationships, in: Kramer, R. M.; Tyler, T. R. (Hrsg.): Trust in Organizations: Frontiers of Theory and Research, Thousand Oaks u.a., 114–139.

Luhmann, N. (2000): Vertrauen: Ein Mechanismus der Reduktion sozialer Komplexität. 4. Aufl., Stuttgart.

Maister, D.H.; Green, Ch.H.; Galford, R.M. (2000): What is a trusted Advisor?, in: Consulting to Management, 11, December, 36–41.

Malik, F. (2001): Consulting: Pionier des Fortschritts oder notwendiges Übel?, in: Management Consulting, Basel, 3–13.

McAllister, D.J. (1995): Affect- and cognition-based trust as foundations for interpersonal cooperation in organizations, in: Academy of Management Journal, 38, 24–60.

McColl-Kennedy, J.R. (2003): Introduction to services, in: McColl-Kennedy, J.R. (Hrsg.): services marketing – a managerial approach, 3–23.

McQuitty, S. (1999): Recent Issues in Marketing Scale Testing and Development Using Structural Equation Models. Working Paper, College of Business Administration and Economics, New Mexico State University, Las Cruces.

Meffert, H.; Bruhn, M. (2003): Dienstleistungsmarketing. Grundlagen – Konzepte – Methoden, 4. vollst. überarb. und erw. Aufl., Wiesbaden.

Miethe, C. (2000): Leistung und Vermarktung unterschiedlicher Formen der Unternehmensberatung, Diss., Wiesbaden.

Moorman, C.; Deshpandé, R.; Zaltman, G. (1993): Factors affecting trust in market research relationship, in: Journal of Marketing, 57, January, 81–101.

Morgan, R.M.; Hunt, S.D. (1994): The Commiment-Trust Theory of Relationship Marketing, in: Journal of Marketing, 58, July, 20–38.

Mugler, J. (1998): Betriebswirtschaftslehre der Klein- und Mittelbetriebe, Bd. 1, 3. Aufl., Wien, New York.

Picot, A.; Reichwald, R.; Wigand, R. (2001): Die grenzenlose Unternehmung: Information, Organisation und Management: Lehrbuch zur Unternehmensführung im Informationszeitalter, 4. Aufl., Wiesbaden.

Raimondo, M.A. (2000): The Measurement of Trust in Marketing Studies: A review of models and methodologies, Università degli Studi di Milano Bicocca, Milano.

Riekeberg, M.H.P. (2002): Einführung in die Kausalanalyse (II), in: WISU – Das Wirtschaftsstudium, 939–943.

Ripperger, T. (1998): Ökonomik des Vertrauens: Analyse eines Organisationsprinzips. Tübingen.

Rohlfing, M; Funck, D. (2002): Kleine und mittlere Unternehmen (KMU) – Kritische Diskussion quantitativer und qualitativer Definitionsansätze. IMS-Forschungsbericht Nr. 7, Göttingen.

Rotter, J.B. (1967): A new Scale for the Measurement of Interpersonal Trust, in: Journal of Personality, 35, 651–665.

Schade, Ch. (2000): Marketing für Unternehmensberatung. Ein institutionenökonomischer Ansatz. 2., überarbeitete Aufl., Nachdruck, Diss., Wiesbaden.

Sharif, K.J.; Kalafatis, St.P.; Samouel, P. (2005): Cognitive and behavioural determinats of trust in small medium-sized enterprises, in: Journal of Small Business and Enterprise Development, 12, 409–421.

Sharma, S. (1996): Applied Multivariate Techniques, New York.
Storper, M.; Venables, A.J. (2004): Buzz: face-to-face contact and the urban economy, in: Journal of Economic Geography, 4, 351–370.
Strub, P.J.; Priest, T.B. (1976): Two Patterns of Establishing Trust: The Marijuana User, in: Sociological Focus, 9, 399–411.
Wesemeier, J. (2002): Vertrauen als Strategie der Kundenbindung. Eine Operationalisierung und empirische Überprüfung im Dienstleistungssektor, Kassel.
Wick, V. (2000): Mittelständische Unternehmen und ihre Berater. Ein netzwerkorientiertes Konzept der Nutzung von externen Beratungsleistungen. Diss., Bamberg.
Wimmer, R. (2003): Entwicklungstrends in Wirtschaft und Gesellschaft: mögliche Auswirkungen auf den BeraterInnenmarkt, in: Lobnig, H. (Hrsg.): Beratung in der Veränderung: Grundlagen – Konzepte – Beispiele, Wiesbaden, 13–34.
Wohlgemuth, A.C. (1996): Unternehmensberatung ist eine komplexe Dienstleistung, in: io Management Zeitschrift, 65, Nr. 7/8, 40–44.
Zaheer, A.; McEvily, B.; Perrone, V. (1998): Does Trust Matter? Exploring the Effects of Interorganizational and Interpersonal Trust on Performance, in: Organization Science, 9, 141–159.
Zaheer, A.; Venkatraman, N. (1995): Relational governance as an interorganizational strategy: an empirical test of the role of trust in economic exchange, in: Strategic Management Journal, 16, 373–392.
Zeithaml, V. (1981): How Consumer Evaluation Processes Differ between Goods and Services, in: Donelly, J.H; George, W.R. (Hrsg.): Marketing of Services, Proceedings, Chicago, 186–190.
Zimmermann, K.A. (2002): Bedürfnisse und Bedarf. Warum suchen Unternehmen Beratung und Berater?, in: Güttler; Klewes (Hrsg.): Drama Beratung! Consulting oder Consultainment? Frankfurt/Main, 101–115.
Zucker, L.G. (1983): Organizations as institutions, in: Research in the sociology of organizations, 2, 1–47.
Zucker, L.G. (1986): Production of Trust: Institutional Sources of Economic Structure, in: Research in Organizational Behavior, 8., 53–111.

Einflussfaktoren des Vertrauensaufbaus bei der Beratung kleiner und mittlerer Unternehmen (KMU)

Zusammenfassung

Unter gegenwärtigen Marktbedingungen ist es für Dienstleistungsanbieter entscheidend, gegenüber Nachfragern Vertrauen aufzubauen. Dies gilt in besonderem Maße für Unternehmensberatungen. Ein wesentlicher Grund für den deutlichen Umsatzrückgang in der jüngsten Zeit wird in einem Mangel an Vertrauen in Beratungsunternehmen gesehen. Insbesondere kleine und mittlere Unternehmen (KMU) nehmen nur zögerlich Beratungsleistungen in Anspruch, obwohl unternehmensexterne und -interne Faktoren zu einem erhöhten Beratungsbedarf führen. Die vorliegende Untersuchung zeigt, dass Vertrauen ein entscheidender Faktor ist, damit es zu einer Geschäftsbeziehung zwischen einem Beratungsunternehmen und einem KMU kommt. Der Beitrag arbeitet heraus, dass der Aufbau von Vertrauen bereits in der Phase der Projektanbahnung durch verschiedene organisationale Faktoren ermöglicht wird. Vor allem die Reputation des Beratungsunternehmens, ein KMU-spezifisches Leistungsspektrum, die räumliche Nähe der Unternehmen sowie eine zielgruppenorientierte Öffentlichkeitsarbeit werden als direkte bzw. indirekte Faktoren des organisationalen Vertrauens und damit der Projektbeauftragung identifiziert.

Determinants of the trust building process between consulting firms and small and medium sized enterprises

Summary

Facing a dynamic environment, service companies are forced to establish trust towards their customers. In particular, this is important for consulting companies. Absence of trust has been identified as a major reason for decreasing revenues of consulting companies. Especially small and medium-sized enterprises (SMEs) are rather reluctant to accept external consulting services although due to limited internal and external resources particularly SMEs have a significant demand for consulting. The research study shows that trust is vital for establishing business relationships between consulting companies and SMEs. The paper emphasizes that trust is especially important in the initial stage of a business relationship. Moreover, specific organizational factors that are relevant for building trust are presented. Marketing instruments such as reputation, customer-oriented services, local proximity, and customer-oriented public relations are shown to have a direct or, respectively, indirect influence on organizational trust and, therefore, on project assignment.

Keywords: Organizational trust, services, consulting, small and medium sized enterprises, project assignment

JEL: M30, 31

Arbeitsbedingungen in KMU und ihr Einfluss auf die Neigung zur Selbstständigkeit: eine empirische und theoretische Untersuchung auf Basis des Humankapitalansatzes

Von Arndt Werner und Petra Moog

Überblick

- Aus der Literatur kann eine Reihe von Determinanten abgeleitet werden, unter denen es für ein Individuum von Vorteil ist, aus einer abhängigen Beschäftigung in die berufliche Selbstständigkeit zu wechseln (Zugang zu genügend Startkapital, bessere Verwertung des Humankapitals etc.). Empirische Untersuchungen zeigen jedoch auf, dass die gängigen Faktoren die Gründungsneigung im Falle abhängig Beschäftigter nur teilweise zu erklären vermögen.
- Im Mittelpunkt der vorliegenden Studie steht daher die These, dass die Neigung abhängig Beschäftigter für die Aufnahme einer selbstständigen Erwerbsarbeit insbesondere von ihren Investitionen in informelles Humankapital geprägt ist, d. h. von ihrer Berufserfahrung und hier insbesondere von den *Arbeitsbedingungen*, unter denen sie bisher gearbeitet haben. Dazu zählt vorrangig die Erfahrung, in einem kleinen oder großen Unternehmen gearbeitet zu haben.
- Aus humankapitaltheoretischen Überlegungen heraus und mittels multivariater Untersuchungsmethoden wird aufgezeigt: (a) welche spezifischen Arbeitsbedingungen einen signifikanten Einfluss auf die Entscheidung der Arbeitnehmer ausüben, den Wechsel in die Selbstständigkeit voranzutreiben und (b) inwieweit solche Arbeitsbedingungen auf unterschiedliche Unternehmensgrößen zurückzuführen sind oder nicht.
- Für die Untersuchung werden die Daten des Sozio-oekonomischen Panels (SOEP) des Deutschen Instituts für Wirtschaftsforschung (DIW) herangezogen. Diese Datenquelle bietet sich an, da zum einen im Jahr 2001 eine detaillierte Sonderbefragung zu den herrschenden Arbeitsbedingungen in den Unternehmen durchgeführt wurde. Zum anderen erfasst das SOEP die Gründungsneigung der befragten Personen.

Dr. Arndt Werner ist wissenschaftlicher Mitarbeiter am Institut für Mittelstandsforschung in Bonn (IfM Bonn), Maximilianstr. 20, 53111 Bonn, Email: werner@ifm-bonn.org
Prof. Dr. Petra Moog, Lehrstuhl für Allgemeine Betriebswirtschaftslehre – insbesondere Unternehmensnachfolge, Universität Siegen, Hölderlinstr. 3, 57068 Siegen, Email: petra.moog@uni-siegen.de

ZfB
ZEITSCHRIFT FÜR BETRIEBSWIRTSCHAFT

A. Einleitung und Gang der Untersuchung

Die Entscheidung von Individuen, in die Selbstständigkeit zu wechseln, ist keine zufällige. Nationale und internationale Studien belegen, dass (a) viele Individuen eine hohe Neigung zur Selbstständigkeit aufweisen, aber nur wenige den Schritt in die Selbstständigkeit tatsächlich vollziehen und (b) Individuen oft mehrere Jahre „Anlauf" benötigen, um in die Selbstständigkeit zu wechseln, häufig zehn Jahre und mehr (z.B. Blanchflower and Oswald, 1998; Blanchflower, 2000; Werner et al., 2005; Werner und Kay, 2006). Mittlerweile liegen zwar zahlreiche empirische Untersuchungen vor, die sich mit der Identifikation solcher Faktoren beschäftigen, die den Wechsel in die Selbstständigkeit vorantreiben. So finden sich in der Literatur genügend Belege dafür, dass die Ausstattung mit gründungsrelevantem Humankapital, der Zugang zu genügend Startkapital, diverse soziodemografische bzw. psychologische Aspekte – hier vor allem die Risikoneigung – sowie regionale Einflussfaktoren den Wechsel in die Selbstständigkeit signifikant beeinflussen.[1] Dass aber viele Individuen, die sich selbstständig machen wollen, nicht aus dem Nichts heraus gründen sondern oftmals aus einer abhängigen Beschäftigung in die selbstständige Erwerbstätigkeit wechseln, d.h. ihre ‚occupational choice' sich gravierend verändert, wird in der bisherigen, uns bekannten Literatur dagegen nur selten thematisiert.

In diesem spezifischen Entscheidungsprozess einer überdachten occupational choice spielen – neben den o.g. bekannten personen- und umfeldspezifischen Einflussfaktoren – auch beschäftigungsspezifische Faktoren der bisherigen Arbeitsstelle eine entscheidende Rolle, so die Ausgangshypothese dieses Beitrages. Forschungsarbeiten, die sich mit solchen beschäftigungs- bzw. arbeitsplatzspezifischen Eintrittsdeterminanten in die Selbstständigkeit auseinandersetzen, sind bis dato in der uns bekannten Gründungsliteratur indes selten anzutreffen. Vor allem wurden Faktoren in bisherigen Analysen vernachlässigt, welche die Berufserfahrung des Einzelnen näher beleuchten, wie etwa die konkrete Arbeitssituation und Arbeitsbedingungen im Unternehmen, in dem ein Individuum vor einer potentiellen Selbstständigkeit erwerbstätig ist. Gerade diese Faktoren sind es aber, so unsere Vermutung, die für Arbeitnehmer den Ausschlag für oder gegen einen Wechsel in die selbstständige Erwerbstätigkeit geben können.

Die Untersuchungen von Wagner (2004) und Gompers et al. (2005) zählen zu den wenigen Studien, die sich zumindest mit dem Einfluss unterschiedlicher Unternehmensgrößenklassen, des Unternehmensalters und -standortes sowie der Einkommenshöhe abhängig Beschäftigter auf deren Selbstständigkeitsentscheidung beschäftigen. Der potenzielle Einfluss so genannter ‚soft factors', also beispielsweise des Betriebsklimas – gemessen z.B. als das Verhältnis zu Kollegen und/oder zu Vorgesetzten – oder der Abwechslungsreichtum der Tätigkeit sowie ein erhöhtes Risiko von Arbeitsunfällen in der abhängigen Beschäftigung wurden bisher nicht explizit untersucht. Das Unternehmen an sich wurde in der bisherigen Literatur weitestgehend vernachlässigt bzw. als ‚Black Box' betrachtet.

Dabei könnte unter Einbeziehung solcher Arbeitsbedingungen in die Analyse vermutlich auch die Frage besser beantwortet werden, warum viele abhängig Beschäftigte ein Unternehmen gründen bzw. den Erwerbsstatus der Selbstständigkeit nicht mehr aufgeben, obwohl sie dabei langfristige Einkommenseinbußen in Kauf nehmen. Hamilton (2000, S. 604), der die unterschiedlichen Einkommensverläufe selbstständiger und abhängig beschäftigter Personen empirisch analysiert, stellt beispielsweise fest, dass: "most entrepreneurs enter and persist in business despite the fact that they have both lower initial earnings and lower earnings growth than in paid employment, implying a median earnings differential of 35 percent for individuals in business for 10 years." Ohne die Ursachen für seine empirischen Befunde weiter zu analysieren, vermutet Hamilton (2000, S. 620), dass die Selbstständigkeit Individuen in unterschiedlicher Weise Nutzen stiftende, nichtpekuniäre Arbeitsplatzattribute bietet, die in der abhängigen Beschäftigung nicht in dem Maße von den Individuen vorgefunden werden, wie es ihrer Präferenz entsprechen würde. Hierzu zählt etwa die Möglichkeit, die Arbeitszeit flexibler einzuteilen oder unabhängig von Weisungen anderer zu arbeiten (,being their own boss').

Auch Benz und Frey (2004) stellen mit ihren multivariaten Analysen dreier Haushaltspanels für Deutschland, Großbritannien und die Schweiz fest, dass Selbstständige zufriedener sind als abhängig Erwerbstätige. Dieses Resultat bleibt erhalten, auch wenn für wichtige instrumentelle Aspekte der Arbeit wie Einkommen oder Arbeitszeit kontrolliert wird. Diese Ergebnisse zielen in die gleiche Richtung wie die von Blanchflower und Oswald (1998) oder Blanchflower (2000) für Europa und für die Vereinigten Staaten (Kawaguchi, 2002; Hundley, 2001): Die Selbstständigen scheinen nicht zufriedener mit ihrer Arbeitssituation zu sein aufgrund materieller Aspekte (wie Einkommen oder geringe Arbeitszeit), sondern wegen einer generellen Zufriedenheit über die Arbeitssituation, d. h. die spezifischen Arbeitsbedingungen.[2]

An dieser Stelle setzt die vorliegende Arbeit an: Vermutet wird, dass in manchen Unternehmen nutzenstiftende, nichtpekuniäre Arbeitsplatzattribute vorherrschen, die einer selbstständigen Tätigkeit sehr ähnlich sind und das Individuum somit auf die Selbstständigkeit vorbereiten. Daneben existieren Arbeitsbedingungen, die ein Individuum in die Selbstständigkeit drängen (wenn z. B. das Risiko von Arbeitsunfällen in dem abhängigen Beschäftigungsverhältnis hoch ist) bzw. den Verbleib in der abhängigen Beschäftigung beeinflussen (wenn z. B. das Betriebsklima in der abhängigen Beschäftigung als positiv empfunden wird). Allgemein gilt, dass der Einfluss solcher Arbeitsbedingungen mit zunehmender Berufserfahrung der Individuen konkretisiert wird.

Daraus leiten sich unsere Kernhypothesen ab: Individuen, die in der abhängigen Beschäftigung Berufserfahrung in Bezug auf Arbeitsbedingungen sammeln konnten, die einer selbstständigen Tätigkeit entspricht, entwickeln unter sonst gleichen Umständen eine höhere Gründungsneigung. Die gründungsfördernde Wirkung solcher Arbeitsbedingungen wird insbesondere bei Individuen vermutet, die ihre Berufserfahrung in kleinen Unternehmen gesammelt haben; dies aufgrund der dort vorherrschenden Hierarchie- und Organisationsstrukturen (z. B. Rajan und Zingales, 2001). Als Novum in der empirischen Analyse wird ein Vektor von Variablen in die Schätzung zur individuellen Selbstständigkeitsneigung eingeführt, der die unterschiedlichen Arbeitsbedingungen in den kleinen, mittleren und großen Unternehmen erfasst, in denen die Befragten ihrer abhängigen Beschäftigung nachgehen.

Der weitere Beitrag ist so gestaltet, dass im nachfolgenden zweiten Abschnitt relevante empirische Forschungsergebnisse zusammengefasst und die für die empirische Analyse notwendigen theoretischen Grundlagen dargestellt werden. Im dritten Abschnitt wird dann multivariat untersucht, welche Auswirkungen die Berücksichtigung (1) der allgemeinen Berufserfahrung, (2) der spezifischen Arbeitsbedingungen und (3) der Betriebsgröße in der abhängigen Beschäftigung auf den geplanten Schritt in die Selbstständigkeit hat. Der

Beitrag schließt mit einer Zusammenfassung der wesentlichen Ergebnisse sowie einem Ausblick auf zukünftige Forschungsvorhaben.

B. Stand der Forschung

Da dem Faktum der Gründungsneigung und insbesondere der tatsächlichen Aufnahme einer selbstständigen Erwerbstätigkeit aus vielerlei Gründen (Schaffung neuer Firmen und Arbeitsplätze, Steigerung der Wettbewerbsfähigkeit und Innovationsleistung) hohe politische und ökonomische Aufmerksamkeit gilt, ist auch das Spektrum von Analysen zu diesem Thema weit gestreut und erfreut sich in der Wissenschaft zunehmenden Interesses. Daher wird nachfolgend zunächst ein Überblick über bisherige empirische Analysen gegeben, die im Kontext unserer Analyse relevant sind. Die ausgewählten Analysen beschäftigen sich vorrangig mit anderen Einflussfaktoren auf die Gründungsneigung und weniger mit der Berufserfahrung und vorhandenen Arbeitsbedingungen in der abhängigen Beschäftigung. Gesamthaft stellen aber die Faktoren, auf die diese Studien fokussieren, neben unserer theoretischen Basis die Grundlage für die in den nachfolgenden Kapiteln durchgeführten empirischen Analysen dar. Denn der Fokus unserer Untersuchung ist nicht allein auf die Berufserfahrung, die Arbeitsbedingungen und die Unternehmensgröße gerichtet, die als erklärende Variablen in die spätere empirische Analyse einfließen. Vielmehr werden auch weitere, in der Literatur als wichtig erachtete Gründungsfaktoren in der hier vorgenommenen empirischen Untersuchung als Kontrollvariablen berücksichtigt. Zunächst werden diese Kontrollvariablen und deren potentielle Effekte auf die Gründungsneigung beschrieben. Anschließend wird auf solche Arbeitsplatz bedingte Berufserfahrungen eingegangen, die für Personen in einem abhängigen Beschäftigungsverhältnis bedeutsam sein könnten, sich für eine selbstständige Erwerbstätigkeit zu entscheiden.

I. Allgemeine Einflussfaktoren der Selbstständigkeitsneigung

Zahlreiche Studien prüfen den Einfluss bestimmter Ressourcen wie z. B. der Finanzausstattung auf die Gründungsneigung sowie den Einfluss weiterer Faktoren. Evans und Leighton (1989) stellten fest, dass ein höheres Einkommen unter sonst gleichen Umständen einen positiven Einfluss auf den Wechsel in die Selbstständigkeit ausübt. Ausgehend von diesem Befund stellt sich die Frage, ob Individuen, die selbstständig werden wollen, aufgrund von Kapitalrestriktionen von ihren Plänen absehen. Befunde, die diese These unterstützen, finden sich beispielsweise bei Evans und Jovanovic (1989), Holtz-Eakin et al. (1994a, 1994b), Lindh und Olsson (1996) oder Blanchflower und Oswald (1998). Dunn und Holtz-Eakin (2000) untersuchen den Einfluss von sozialen Normen und Werten auf die Selbstständigkeitsentscheidung und ziehen dafür soziodemografische Variablen und den Familienhintergrund des Gründers heran. In fast allen Studien, die das Geschlecht als Gründungsfaktor mit einbeziehen, weist die Tatsache weiblichen Geschlechts zu sein einen negativ signifikanten Einfluss auf die Wahrscheinlichkeit auf, selbstständig zu werden (vgl. Werner, 2004; Wagner, 2007). Giannetti und Simonov (2004) können zudem zeigen, dass Individuen sich eher in solchen Regionen selbstständig machen, die bereits durch eine hohe Selbstständigenquote charakterisiert sind. Die Autoren erklären sich ihren Befund damit, dass die Entscheidung für den Übergang in die Selbstständigkeit in solchen Regionen stärker durch vorhandene Rollenvorbilder angeregt wird. Schließlich zeigen Constant und Zimmermann (2004) am Beispiel der Immigranten in Deutschland, dass solche, die sich diskriminiert fühlen, eher den Schritt in die Selbstständigkeit vollziehen. Unter der Annahme, dass die Risikoaversion mit dem Alter ansteigt (Miller 1984), haben Evans und Leighton (1989) den Einfluss des Alters auf den Eintritt in die Selbstständigkeit untersucht. Die Autoren stellen jedoch fest, dass das Alter nicht negativ, sondern zunächst positiv mit diesem Schritt zusammenhängt. Sie erklären ihren Befund damit, dass die Risikoneigung entweder keinen Einfluss auf die Entscheidung zum Schritt in die Selbstständigkeit ausübt oder aber, dass das Alter kein guter Indikator für die Risikoeinstellung von Personen ist, sondern vielmehr Humankapital- oder Vermögenseffekte erfasst – insofern solche in den empirischen Untersuchungen nicht kontrolliert wurden. Aufgrund der wichtigen Stellung der genannten Faktoren zur Erklärung der Gründungsneigung bzw. -wahrscheinlichkeit gehen diese Faktoren in unserer empirischen Analyse als Kontrollvariablen ein.

II. Humankapitaltheoretische Einflussfaktoren der Selbstständigkeitsneigung

Die Frage, welchen Einfluss das schulische und berufliche Ausbildungsniveau bzw. die Berufserfahrung auf die Entscheidung, in die Selbstständigkeit zu wechseln, ausübt, scheint trotz vieler Analysen noch immer nicht vollständig geklärt. So fallen die Richtung und Stärke des Einflusses unterschiedlicher Humankapitalinvestitionen in diversen Untersuchungen oftmals sehr differenziert aus. Zu den Studien, die generell einen positiven Einfluss des Humankapitals auf die Gründungsneigung nachweisen, zählen etwa die Untersuchungen von Davidsson und Honig (2003), Demirer (2003), Blanchflower (2000), Robinson und Sexton (1994).[3] Die Summe der Ergebnisse der uns bekannten Studien lässt den Schluss zu, dass Humankapital eher einen positiven Einfluss auf die Gründungsneigung ausübt. Diese Aussage ist jedoch zu differenzieren nach unterschiedlichen Arten von Humankapital.

Ausgangspunkt unserer Überlegungen ist, dass es sich bei gründungsrelevantem Humankapital im Becker'schen Sinne grundsätzlich um allgemeines Humankapital handelt, da es in einer Vielzahl von Unternehmen produktiv zum Einsatz gelangen kann (Becker 1964). Es ist also grundsätzlich marktfähig und wird immer dort zum Einsatz gebracht, wo es seine höchste Produktivität entfaltet. Weiterhin zeigt sich in diversen Studien (Moog, 2004; Delmar, 2003), dass insbesondere für Unternehmensgründungen nicht nur das in formalen Bildungsgängen erworbene Wissen produktivitätsförderlich ist, sondern auch die eher informell und durch Erfahrungslernen erworbenen Fähigkeiten eine große Rolle spielen.[4]

Unter den Begriff des formalen Humankapitals sind formale, generelle Bildungsabschlüsse wie Schulabschlüsse, ein Studium, ein Doktorat, aber auch berufliche Bildungsabschlüsse wie eine duale Berufsausbildung, ein Meister- oder ein Technikerabschluss zu subsumieren. Das im Rahmen dieser Abschlüsse gewonnene Wissen ist übertragbar auf eine Vielzahl beruflicher Einsatzbereiche sowohl als Arbeitnehmer als auch als Unternehmer.

Formales Humankapital: Giannetti und Simonov (2004) oder Werner (2004) beobachten beispielsweise, dass ein höheres Ausbildungsniveau mit einer höheren Wechselwahrscheinlichkeit bzw. Wechselabsicht einhergeht. Davidsson und Honig (2003) weisen in ihrer Studie nach, dass die Wahrscheinlichkeit, selbstständig erwerbstätig zu sein, zunimmt, je mehr Jahre in formale Ausbildung (Schule oder Studium) investiert werden. Ähnliche Befunde weisen Blanchflower und Oswald (1992, 1990) auf. Ebenso ermitteln Blanchflower und Meyer (1992) sowie Rees und Shah (1986) eine positive Beziehung zwischen formalen Bildungsinvestitionen und der Wahrscheinlichkeit, selbstständig erwerbstätig zu werden. Demirer (2003) zeigt, dass (a) erhöhte Investitionen in formales Humankapital die Wahrnehmung von gründungshemmenden und -fördernden Faktoren beeinflussen und dass (b) vermehrtes Wissen im Kontext eines prospekttheoretischen Erwerbsentscheidungsmodells die Gründungswahrscheinlichkeit fördert. Le (1999) zeigt mit ihrem traditionell orientierten Erwerbsentscheidungsmodell ebenfalls den positiven Einfluss von formaler Qualifikation auf die Gründungsentscheidung. Johansson (2000) stellt gegenteilige Ergebnisse fest. Evans und Leighton (1989) ermitteln Ergebnisse, die mit dem Ausbildungsniveau variieren: Der Schulabschluss hat keinen signifikanten Einfluss auf die Selbstständigkeitsentscheidung, die Hochschulausbildung hingegen einen signifikant positiven.

Neben diesen formalen Humankapitalinvestitionen spielt insbesondere für Unternehmensgründer auch stets informelles Humankapital eine wichtige Rolle für die Produktivität und damit für den Erfolg des gegründeten Unternehmens. Hierzu zählt das klassische *Lernen am Arbeitsplatz* bzw. jede Art von „learning by doing“ wie z. B. das *Sammeln von Berufserfahrungen* über Gepflogenheiten der Gründungsbranche (Moog, 2004) oder – und das erscheint im vorliegenden Kontext von größerem Forschungsinteresse – von speziellen Arbeitsbedingungen, sei es in kleinen und mittleren Unternehmen oder sei es in Großunternehmen (Werner, 2004).

Informelles Humankapital: Auch in Bezug auf Branchenerfahrung weist Lee (1999) einen positiven Einfluss auf die Gründungsneigung nach. Ebenso ermitteln Robinson und Sexton (1994) sowie Blanchflower und Meyer (1992), dass die in Berufserfahrung investierten Jahre die Wahrscheinlichkeit einer selbstständigen Erwerbstätigkeit erhöhen. Auch Lazear (2005) zeigt in seiner stark auf Hochschulabsolventen fokussierten Analyse, dass die Berufserfahrung (dort gemessen als Anzahl vollzogener Tätigkeiten und als Anzahl Berufsjahre bei einem Arbeitgeber) die Neigung zum Wechsel oder den Einstieg in die selbstständige Erwerbstätigkeit befördern. Bei Davidsson und Honig (2003) hingegen zeigen sich keine signifikanten Effekte in Bezug auf die Berufserfahrung. Demirer (2003) weist sogar eher einen negativen Einfluss der Berufserfahrung auf die Gründungswahrscheinlichkeit nach. In diesem Kontext scheint der Einfluss der Berufserfahrung auf die Gründungsneigung nicht eindeutig zu sein. Da es sich bei der Berufserfahrung aber um eine stark aggregierte Größe handelt, hinter der sich unterschiedliche Einzelerfahrungen verbergen, erstaunen diese Befunde nicht. Vielmehr weisen sie auf die Notwendigkeit einer differenzierten Analyse – z. B. der gemachten Erfahrungen in Bezug auf Arbeitsbedingungen als wichtiger Einflussvariante auf die Gründungsneigung – hin.

Weitere Studien zeigen die positiven Auswirkungen des Humankapitals auf den Erfolg, wenn unterschiedliches Wissen und Erfahrungen kombiniert sind, d. h. ein Unternehmer ein Jack-of-all-Trades ist (Lazear 2005). Denn die erfolgreiche Führung eines Unternehmens setzt gleichzeitig eine Vielzahl an Talenten und Fähigkeiten voraus (Szyperski und

Nathusius, 1977; Albach, 1984). Demnach haben bestimmte Kombinationen von Qualifikationen und Fähigkeiten einen eigenständigen Einfluss auf den Erfolg einer Unternehmensgründung (Multiskilling, z. B. Moog, 2004).[5] Lazear selbst untersucht die Frage, welchen Einfluss die Kombination von Talenten und Fähigkeiten auf die Wahrscheinlichkeit einer Selbstständigkeit ausübt und kommt zu positiven Ergebnissen.

Tab. 1: Einfluss des Humankapitals auf die Gründungsentscheidung (1986–2005)

Studie	**Jahr**	**Erfolgsindikator**	**Erfolgsfaktor (Humankapitalinvestition)**
Lazear	2005	Gründungs-entscheidung Spezialist Entrepreneur	**Anzahl übernommener Aufgaben/Tätigkeiten (Rollen) im bisherigen Berufsleben** **Anstellungsjahre pro Arbeitgeber** **Abnehmender Grenzertrag (Anzahl der übernommenen Aufgaben; bei Anstellungsjahren)** Anzahl vorheriger Arbeitgeber **Belegte Kurse einer Fachrichtung im Verhältnis zu allen belegten Kursen** Notendurchschnitt **Alter zum Zeitpunkt der Erhebung**
Davidsson/ Honig	2003	Wahrscheinlichkeit der Gründung	Managementerfahrung Berufserfahrung/Erlerntes allgemein **Abnehmender Grenzertrag** **Vorherige Selbstständigkeit** **Höchster Bildungsabschluss** Spezieller Gründungskurs
Demirer	2003	Gründungsneigung	**Wissen über arbeitsrechtliche und kollektivrechtliche Regulierungen Universitätsjahre** Berufsausbildung **Praktika** **Berufserfahrung** (negativer Zusammenhang) **Vorherige Selbstständigkeit** Freie Mitarbeit Selbstständige Eltern **Selbstständige Bekannte/Freunde**
Robinson/ Sexton	1994	Wahrscheinlichkeit der Gründung	**Berufserfahrung / Erlerntes allgemein** **Formale Ausbildung (undifferenziert)**
De Wit	1993	Wahrscheinlichkeit der Gründung	**Jahre formale Ausbildung** (negativer Zusammenhang) **IQ Wert** Schulnoten **Alter** **Abnehmender Grenzertrag (Alter)** **Erfahrung Arbeitsmarkt/Berufserfahrung**
Rees/Shah	1986	Wahrscheinlichkeit der Gründung	**Alter** **Abnehmender Grenzertrag (Alter)** **Formale Ausbildung (undifferenziert)**

Quelle: Eigene Erstellung. Standardformat: nicht signifikanter Einfluss. Fettdruck: Einfluss positiv signifikant

Die vorangegangenen Erläuterungen, warum Humankapital den Gründungserfolg beeinflusst, spielen in der vorliegenden Analyse eine wichtige Rolle: Denn sobald ein Individuum *antizipiert*, dass sein Humankapital höheren Erfolg in Form von Einkommen oder Nutzen in einer Gründung, d.h. in einer selbstständigen Erwerbstätigkeit erwirtschaftet als in einer abhängigen Tätigkeit, wird sich dieses Individuum selbstständig machen.

Folglich ist, basierend auf den Erkenntnissen der Mehrzahl der Studien, davon auszugehen, dass Bildungs- und Erfahrungskapital die Gründungswahrscheinlichkeit steigern: Personen mit einem höheren Bildungsgrad und mehr Berufserfahrung neigen eher dazu, ein Unternehmen zu gründen als weniger gut ausgebildete oder berufserfahrene Individuen. Dabei kann angenommen werden, dass die Berufserfahrung in ganz erheblichem Ausmaß von der Größe des oder der Unternehmen geprägt ist, in der sie erworben wird. Im vorliegenden Beitrag wird der Versuch unternommen, die Berufserfahrung nochmals zu differenzieren nach den Arbeitsbedingungen, die ein Erwerbstätiger während seiner letzten Betriebszugehörigkeit macht sowie den Erfahrungen, die in einem kleinen oder mittleren bzw. großen Unternehmen als betriebsgrößenspezifische Berufserfahrung gewonnen werden.

III. Arbeitsbedingungen als Einflussfaktoren der Selbstständigkeitsneigung

Studien, die den Übergang in die Selbstständigkeit aus einem Beschäftigungsverhältnis analysieren, sind bisher eher die Ausnahme in der uns bekannten Gründungs- und Occupational Choice Literatur. Eine der ersten empirischen Arbeiten, die diesen Wechsel analysiert, ist die Studie von Evans und Leighton (1989). Die Studie zeigt, dass Arbeitnehmer, welche in der Vergangenheit (a) häufiger ihre Stelle gewechselt haben, (b) insgesamt länger arbeitslos waren, (c) mehr Selbstständigkeitserfahrung aufweisen und (d) kürzer in ihrem letzten Unternehmen beschäftigt waren, mit einer höheren Wahrscheinlichkeit in die Selbstständigkeit wechseln. Die Analyse von Gompers et al. (2005) kommt darüber hinaus zu dem Ergebnis, dass die Selbstständigkeitsentscheidung von Arbeitnehmern abhängig ist vom Alter des Unternehmens, in dem sie unmittelbar vor dem Wechsel beschäftigt waren. Dabei fördert die Beschäftigung in einem jungen Unternehmen eher die Gründungsneigung als die in einem alten Unternehmen. Auch der Standort und die strategische Ausrichtung (eher Diversifikation) weisen einen Einfluss nach. Wagner (2004) sowie Hyytinen und Maliranta (2006) können zeigen, dass Beschäftigte insbesondere von kleinen und jungen Unternehmen häufiger den Schritt in die Selbstständigkeit planen als Arbeitnehmer in großen, etablierten Unternehmen (vgl. auch Blanchflower und Mayer, 1994).[6]

Entsprechend dieser Ergebnisse wird nachfolgend versucht, genau an diesen Punkten anzusetzen und die ‚Black Box' der Berufserfahrung näher zu beleuchten, um so spezielle Effekte der Berufserfahrung wie der vorherrschenden Arbeitsbedingungen allgemein und in kleinen, mittleren und größeren Unternehmen im Speziellen auf die Gründungsneigung näher zu analysieren. Entsprechend erhoffen wir uns weiterführende Erkenntnisse über die Rolle der Berufserfahrung in Bezug auf die Gründungsneigung und stellen unsere Hypothesen vorrangig auf diesen Zusammenhang von Berufserfahrung, Arbeitsbedingungen und Größe der Unternehmen und der Gründungsneigung bisher abhängig Beschäftigter ab.

C. Hypothesen

Entsprechend unseren vorangegangenen Erläuterungen zum Humankapital im Allgemeinen, der Branchenerfahrung generell und Erfahrung mit Arbeitsbedingungen im Speziellen (nochmals spezifiziert für Erfahrungen in kleinen, mittleren und großen Unternehmen), folgern wir unsere vier zu testenden Hypothesen:

Hypothese 1: Je mehr Investitionen in allgemeines, formales Humankapital durch ein Individuum getätigt worden sind (z. B. in Jahre der Ausbildung), desto höher wird dessen Neigung sein, aus der abhängigen in die selbstständige Erwerbstätigkeit zu wechseln.

Da wir hier insbesondere von Berufserfahrungen als Investition in informelles Humankapital ausgehen, fokussieren die weiteren Hypothesen genau auf diese Zusammenhänge:

Hypothese 2: Je mehr Investitionen in allgemeines, informelles Humankapital durch ein Individuum getätigt worden sind (also in Berufserfahrung), desto höher wird dessen Neigung sein, aus der abhängigen in die selbstständige Erwerbstätigkeit zu wechseln.

Da bisherige Studien eher uneinheitliche Ergebnisse für den Einfluss von Berufserfahrung im Allgemeinen (auf aggregierter Ebene) auf die Gründungsneigung zeigen, vermuten wir eindeutigere Effekte durch die Aufschlüsselung der Berufserfahrung. Die Spezifizierung der Berufserfahrung erfolgt zum einen als Erfahrung mit Arbeitsbedingungen, unabhängig von der Unternehmensgröße, und zum anderen beeinflusst durch die Unternehmensgröße (Berufserfahrung in einem kleinen/mittleren oder großen Unternehmen). Entsprechend fallen unsere weiteren Hypothesen aus:

Hypothese 3: Je mehr Erfahrungen ein Individuum mit Arbeitsbedingungen in seiner abhängigen Beschäftigung gemacht hat, die einer selbstständigen Tätigkeit entsprechen, desto höher wird seine Neigung sein, aus der abhängigen in die selbstständige Erwerbstätigkeit zu wechseln.

Hypothese 4: Je mehr Erfahrungen ein Individuum mit Arbeitsbedingungen in seiner abhängigen Beschäftigung erworben hat, die einer selbstständigen Tätigkeit entsprechen, desto höher wird seine Neigung sein, aus der abhängigen in die selbstständige Erwerbstätigkeit zu wechseln. Dies trifft für Erfahrungen in kleinen und mittleren Unternehmensgrößen eher zu als in Großunternehmen.

D. Empirische Analyse

I. Stichprobe, Datenselektion und Operationalisierung

Datenbasis für die Untersuchung ist das Sozio-oekonomische Panel (SOEP) des Deutschen Instituts für Wirtschaftsforschung (DIW), einer repräsentativen Wiederholungsbefragung privater Haushalte in Deutschland.[7] Insgesamt deckt das SOEP ein weites Spektrum von Themen ab, so z. B. zur Erwerbsbiographie der befragten Personen, deren Einkommen und Einkommensverläufe und deren schulische und berufliche Ausbildung. Die erste Erhebung fand im Jahr 1984 statt. Die bislang letzte wurde im Jahr 2006 durchgeführt. Für unsere Fragestellung ist der Datensatz von 2001 von besonderem Interesse, weil dort letztmalig eine Sondererhebung zu den Arbeitsbedingungen in den Unternehmen durchgeführt wurde.

Vermutet wird, dass insbesondere Erfahrungen mit Arbeitsbedingungen, die auf eine selbstständige Tätigkeit vorbereiten, sich positiv auf die Gründungsneigung auswirken. Zu dieser Art der Arbeitsbedingungen zählen wir die ‚selbstständige Gestaltung des Arbeitsablaufes', die ‚notwendige Strukturierung der Arbeitszeit nach Arbeitsanfall' und die ‚Einbindung in wichtige Unternehmensentscheidungen'. Neben diesen mit der Aneignung gründungsrelevanter Humankapitalressourcen einhergehenden Arbeitsbedingungen vermuten wir, dass sich eine ‚abwechslungsreiche Tätigkeit' und ein ‚gutes Verhältnis zu den Vorgesetzten und Kollegen' positiv auf den Verbleib in der abhängigen Beschäftigung auswirken. Negative Arbeitsplatzattribute, wie das ‚erhöhte Risiko von Arbeitsunfällen', die ‚Abweichung der tatsächlichen von der gewünschten Arbeitszeit' und die vom ‚Arbeitnehmer antizipierte berufliche Verschlechterung' sollten die Gründungsneigung dagegen c.p. erhöhen.

In Tab. 2 sind die im SOEP erhobenen Arbeitsbedingungen mit den entsprechenden Operationalisierungen und vermuteten Wirkungsrichtungen abgebildet:

Abhängige Variable: Der Gründungsvollzug als abhängige Variable wird in der Literatur sehr unterschiedlich operationalisiert (vgl. Werner et al., 2005, S. 65ff.). Oftmals wird der Status der Selbstständigkeit als abhängige Variable herangezogen – unabhängig davon, wie lange die befragten Personen schon selbstständig sind bzw. wann der Wechsel in die Selbstständigkeit stattfand.[8]

Andere Autoren beziehen sich auf den Wechsel in die Selbstständigkeit (z. B. Evans und Leighton, 1989) oder stützen sich auf verschiedene Maße zum Konkretisierungsgrad der Gründungsvorbereitung vor dem eigentlichen Wechsel in die Selbstständigkeit (z. B. Wagner, 2004; Moog und Backes-Gellner, 2006; Mellewigt et al., 2006). Zu letztgenannten Studien zählen auch die von Demirer (2003), die eine Abstufung der Gründungsneigung auf acht Ebenen durchführen, bzw. die von Welter (2000), die einen Gründungstrichter mit verschiedenen Stufen der konkreten Gründungsneigung bzw. Gründungsvorbereitung entwickelt. Aber auch die jeweiligen Definitionen zur Gründungsneigung hängen von den verfügbaren Daten ab und unterscheiden sich vermutlich deshalb zum Teil stark voneinander.

Wie aus Tab. 3 entnommen werden kann, erlauben es die Daten des SOEP, aufsteigend nach dem Konkretisierungsgrad, unterschiedliche Phasen im Gründungsprozess zu unterscheiden. Dabei konzentrieren sich die Schätzungen der vorliegenden Arbeit auf die so genannten potenziellen Gründer bzw. beziehen sich auf den so genannten und bislang wenig erforschten Vorgründungsprozess (Mellewigt et al., 2006, S. 94). Gefragt wurde, wie wahrscheinlich es sei, in den nächsten zwei Jahren in die Selbstständigkeit zu wechseln oder freiberuflich tätig zu werden. Das Antwortverhalten wurde auf einer 11er-Likert-Skala gemessen („0 = wird mit Sicherheit nicht eintreten" bis „10 = wird mit Sicherheit eintreten").

Tab. 2: Operationalisierung der untersuchten Arbeitsbedingungen und vermuteter Einfluss auf die Gründungsneigung

Variable	Erläuterung	Wertelabels	Vermuteter Einfluss auf Gründungsneigung
Selbstständige Gestaltung des Arbeitsablaufes	Können Sie den Ablauf und die Durchführung Ihrer Arbeit selbstständig gestalten?	1=Trifft gar nicht zu 2=Trifft teilweise zu 3=Trifft voll zu	+
Arbeitszeit nach Arbeitsanfall	Ist ihre Arbeitszeit unterschiedlich je nach Arbeitsanfall im Betrieb?	1=Trifft gar nicht zu 2=Trifft teilweise zu 3=Trifft voll zu	+
Einbindung in wichtige Unternehmensentscheidungen	Können Sie über die Bezahlung und Beförderung anderer Mitarbeiter entscheiden?	1=Trifft gar nicht zu 2=Trifft teilweise zu 3=Trifft voll zu	+
Abweichung tatsächlicher von gewünschter Arbeitszeit (Absolutbetrag)	Wie stark weicht Ihre tatsächliche Arbeitszeit von Ihrer gewünschten Arbeitszeit ab?	Metrisch (Stunden / Woche)	+
Abwechslungsreiche Tätigkeit	Ist Ihre Tätigkeit abwechslungsreich?	1=Trifft gar nicht zu 2=Trifft teilweise zu 3=Trifft voll zu	–
Betriebsklima (Vorgesetzte)	Kommen Sie gut mit Ihren Vorgesetzten aus?	1=Trifft gar nicht zu 2=Trifft teilweise zu 3=Trifft voll zu	–
Betriebsklima (Kollegen)	Kommen Sie gut mit Ihren Arbeitskollegen aus?	1=Trifft gar nicht zu 2=Trifft teilweise zu 3=Trifft voll zu	–
Erhöhtes Risiko von Arbeitsunfällen	Sind Sie bei Ihrer Arbeit einem erhöhten Risiko von Arbeitsunfällen ausgesetzt?	1=Trifft gar nicht zu 2=Trifft teilweise zu 3=Trifft voll zu	+
Beruflicher Abstieg (in den nächsten zwei Jahren)	Wie wahrscheinlich ist es, dass Sie sich in den nächsten zwei Jahren in ihrem jetzigen Betrieb beruflich verschlechtern?	0=Wird mit Sicherheit nicht eintreten bis... 10=Wird mit Sicherheit eintreten	+

Quelle: SOEP 2001

Da die Befragten damit immer noch in einem Entscheidungs(findungs)prozess sind, kann also mit dieser Variable allein die Neigung der Individuen gemessen werden. Wie jedoch verschiedene empirische Studien zeigen, sind gegenwärtig aktive Unternehmer ein Sub-sample solcher gründungsinteressierter Personen (Villanueva et al., 2005; Franke und Lüthje, 2002; Krueger und Reilly, 2000; Werner und Kay, 2006).[9] Damit können die SOEP Daten zur Gründungsneigung interpretiert werden als ‚lower bound' der Wahrscheinlichkeit, sich bei der ‚occupational choice' zur Selbstständigkeit zu entscheiden.

Tab. 3: Operationalisierung der Gründungsneigung in verschiedenen multivariaten Studien

Studie	Abhängige Variable	Operationalisierung
RWI-Gründerstudie	*„Gründungswunsch"*	„Ist es ein Ziel von Ihnen, einmal beruflich selbstständig zu sein?"
RWI-Gründerstudie	*„Gründungsabsicht"*	„Ist es ein Ziel von Ihnen, einmal beruflich selbstständig zu sein?" *und* „Haben Sie schon eine genauere Vorstellung?"
RWI-Gründerstudie	*„Werdende Gründer/in"*	„Ist es ein Ziel von Ihnen, einmal beruflich selbstständig zu sein?" *und* „Haben Sie schon eine genauere Vorstellung?" *und* „Haben Sie in den vergangenen 12 Monaten irgend etwas getan, um diese Gründung zu realisieren (z.B. Geld gespart, Raum gesucht, Geschäftsplan geschrieben)?"
Messebefragung des IfM Bonn	*„Werdende Gründer/in"*	„Werden sie sich demnächst selbstständig machen?" *und* „Haben Sie schon eine Geschäftsidee?"
Global Entrepreneurship Monitor Regional Entrepreneurship Monitor	*„Nascent Entrepreneurs"*	„Are you (alone or with others) involved in starting a business that will belong (as a whole or in part) to you and did you not pay full time wages or salaries for more than three month to anybody?"
Kölner Gründerstudie	*Gründungsneigung*	1) Haben Sie sich bereits Gedanken über eine selbstständige Tätigkeit gemacht? 2) Wie konkret sind Ihre Überlegungen? a) noch nicht konkretisiert b) haben Sie bereits eine konkrete Gründungsidee?, 3) Haben Sie bereits erste Schritte zur Verwirklichung Ihrer Idee unternommen (z.B. Businessplan erstellt, Finanzierungsgespräch geführt, etc.)?
Sozio-oekonomisches Panel des DIW	*„Potenzielle Gründer/in"*	„Wie wahrscheinlich ist es, dass Sie in den nächsten zwei Jahren selbstständig oder freiberuflich tätig werden?" (0=Wird mit Sicherheit nicht eintreten *bis* 10=Wird mit Sicherheit eintreten)

Quelle: Eigene Erstellung

Zur Datenselektion: Die empirische Analyse der vorliegenden Arbeit beschränkt sich auf die erwerbstätigen Arbeiter und Angestellten, welche zum Zeitpunkt der Befragung einer Vollzeitbeschäftigung nachgingen und nicht zum Öffentlichen Dienst zählten. Alle Nichterwerbspersonen, Selbstständige, Beamte sowie Arbeiter und Angestellte im Öffentlichen Dienst wurden aus der Untersuchung ausgeklammert. Insgesamt beträgt die maximale Zahl der Fälle für die einzelnen Untersuchungen 5.752 Personen (siehe Tab. 4).[10]

Tab. 4: Berufliche Stellung der befragten Personen

Berufliche Stellung	Anzahl	Anteil (%)
Arbeiter	2.772	48,2
Angestellte	2.980	51,8
Insgesamt	5.752	100,0

Quelle: Eigene Auswertung des SOEP 2001

Betriebsgröße: Entscheidend für die Beantwortung der Frage, inwieweit betriebsgrößeninduzierte Unterschiede die Gründungsneigung beeinflussen bzw. welche größenspezifischen Arbeitsbedingungen eine Rolle spielen, ist eine angemessene Einteilung der Unternehmen in Größenklassen. Aus den Angaben der befragten Personen über die Anzahl der Beschäftigten in ihrem Unternehmen wurden für die vorliegende Analyse folgende Betriebsgrößenklassen gebildet:

- Unternehmen mit weniger als 20 Arbeitnehmern (kleine Unternehmen),
- Unternehmen mit 20 und mehr Arbeitnehmern (mittlere bis große Unternehmen).

Durch die Einteilung in diese zwei Größenklassen wird gewährleistet, dass (1) betriebsgrößenbedingte Unterschiede in den Arbeitsbedingungen aufgedeckt werden können, (2) genügend Fälle in den Klassen für die empirischen Untersuchungen zur Verfügung stehen und (3) die Untersuchungsergebnisse übersichtlich bleiben.[11] Tab. 5 gibt die Verteilung der Erwerbstätigen auf die zwei untersuchten Betriebsgrößenklassen wieder:

Tab. 5: Unternehmensgrößenklassen

	Anzahl	Anteil (%)
Kleine Unternehmen	1.411	24,7
Mittlere bis große Unternehmen	4.300	75,3
Insgesamt*	5.711	100,0

* 41 Personen verweigerten Angaben zur Betriebsgröße
Quelle: Eigene Auswertung des SOEP 2001

Kontrollvariablen: Hinsichtlich der Kontrollvariablen geht die Untersuchung generalistisch vor und erhebt Variablen auf der gesamten Bandbreite, wie es sich in der Forschung als relevant gezeigt hat (vgl. auch die Ausführungen in Abschnitt B). In Tab. 6 sind die berücksichtigten Kontrollvariablen mit den entsprechenden Operationalisierungen abgebildet:

Tab. 6: Operationalisierung der einbezogenen Kontrollvariablen

Variable	Erläuterung	Wertelabels	Vermuteter Einfluss auf Gründungsneigung
Ausbildung	Ihre schulische und berufliche Ausbildung in Jahren?	Metrisch (Jahre)	+
Betriebszugehörigkeit	Wie viel Jahre sind Sie beim jetzigen Arbeitgeber beschäftigt?	Metrisch (Jahre)	–
Berufliche Stellung	Ihre Berufliche Stellung?	0=Angestellter; 1=Arbeiter	?
Nettoeinkommen	Wie hoch war ihr Netto-Arbeitsverdienst im letzten Monat?	metrisch, Euro/Monat	+
Geschlecht	Ihr Geschlecht?	0=männlich; 1=weiblich	–
Nationalität	Ihre Nationalität?	0=Ausländer; 1=Deutsch	–
Alter	Ihr Alter?	metrisch, in Jahren	+
Alter zum Quadrat		metrisch, in Jahren	–
Standort	Standort des Unternehmens im Osten?	0=Westen; 1=Osten	?
Bundesländer (16)	Insgesamt 16 Variablen für die einzelnen Bundesländer	0=Nein; 1=Ja	?
Wirtschaftszweige (10)	Insgesamt zehn Variablen (Wirtschaftszweigeinsteller)	0=Nein; 1=Ja	?

Quelle: Eigene Auswertung des SOEP 2001

Entsprechend wird das formale Humankapital durch die schulische und berufliche Ausbildung in Jahren erfasst. Die generelle Berufserfahrung (informelles Humankapital) wird durch die Jahre der Betriebszugehörigkeit abgebildet.

Analyseverfahren: Aus der beschriebenen Datenlage heraus werden im Kern vier multivariate Modelle berechnet und im nächsten Abschnitt vorgestellt:

- Modell 1: nur Kontrollvariablen (Basismodell)
- Modell 2: Modell 1 und formales Humankapital sowie informelles Humankapital (allgemeine Berufserfahrung).
- Modell 3: Modell 2 und informelles Humankapital spezifiziert durch Arbeitsbedingungen.
- Modell 4: Modell 3 und Interaktionsterme: ‚Arbeitsbedingungen * kleines Unternehmen'.

Als ökonometrisches Verfahren wird das Ordered Probit Verfahren gewählt, da es sich bei der abhängigen Variablen um eine ordinal skalierte Variable handelt. Bestimmt wird die Wahrscheinlichkeit der Zugehörigkeit zur Gruppe der potenziellen Gründer. Die Berechnung von mehreren abgestuften Modellen dient der Überprüfung der Robustheit der Ergebnisse. Zusätzlich werden partielle F-Test berechnet, welche überprüfen, ob die sukzessiv einbezogenen Merkmale (formales Humankapital und allgemeine Berufserfahrung, die Arbeitsbedingungsvariablen und der Vektor der Interaktionsterme) in einer signifikanten Verbesserung der Modellgüte resultiert. Außerdem handelt es sich bei den Modellspezifikationen um so genannte eingebettete Modelle mit identischen Fallzahlen, um die Vergleichbarkeit der Ergebnisse zu gewährleisten.

II. Ergebnisse

Tab. 7 gibt drei Modellspezifikationen zur Bestimmung des Einflusses der beschriebenen Merkmale auf die Gründungsneigung wieder. Zu beachten ist, dass aufgrund von Antwortverweigerungen in einigen der untersuchten Variablen die Fallzahl der Modelle auf 5.011 sinkt. In der ersten Modellspezifikation werden die Ergebnisse der Regression dargestellt, in der als erklärende Variablen allein die Kontrollvariablen enthalten sind. Bei der zweiten Spezifikation handelt es sich um eine Schätzung, in der, neben den Kontrollvariablen, das formale Humankapital und das informelle Humankapital (als allgemeine Berufserfahrung) berücksichtigt werden. In Modell drei wird zusätzlich der Einfluss der Arbeitsbedingungen auf die Selbstständigkeitsneigung in die Analyse aufgenommen.

Die Schätzung des Modells 1 zeigt die erwarteten Ergebnisse für die Kontrollvariablen auf, die sich mit Ergebnissen bisheriger Studien zur Erklärung der Gründungsneigung decken: Arbeitnehmer aus kleinen Unternehmen weisen c.p. eine höhere Gründungsneigung auf. Dieses Resultat deckt sich mit den eingangs erwähnten Studienergebnissen von Wagner (2004) und Gompers et al. (2005). Auch das Geschlecht erweist sich als hochsignifikant: Frauen weisen unter sonst gleichen Umständen eine geringere Gründungsneigung auf. Das Personenalter zeigt den vermuteten nicht-linearen, konkaven Einfluss. Hinsichtlich der beruflichen Stellung kann beobachtet werden, dass Angestellte ceteris paribus eine höhere Gründungsneigung aufweisen als Arbeiter.[12] Keine signifikanten Effekte zeigen dagegen die Variablen ‚Höhe des letzten Nettoeinkommens‘ sowie ‚Nationalität‘.

Der Vergleich der Ergebnisse zwischen Modell 1 und Modell 2 zeigt auf, dass die Berücksichtigung des formalen und informellen Humankapitals unter Kontrolle der Effekte der Basisvariablen in Bezug auf die Schul- und Berufsausbildung einen signifikant positiven Einfluss auf die Gründungsneigung ausübt. D. h. unter sonst gleichen Umständen wird die Gründungsneigung abhängig Beschäftigter positiv beeinflusst durch eine höhere schulische und berufliche Bildung der Individuen. Damit kann die erste Hypothese als bestätigt angesehen werden, dass die Gründungsneigung mit den formalen Humankapitalinvestitionen des Individuums ansteigt. Dies entspricht den Ergebnissen der überwiegenden Zahl der uns bekannten Studien. Die zweite Hypothese kann aufgrund der vorliegenden Ergebnisse im Prinzip nicht bestätigt werden, da die allgemeine Berufserfahrung, gemessen als Betriebszugehörigkeit, keinen signifikanten Einfluss auf die Gründungsneigung aufweist. Auch dieses Ergebnis für die recht allgemein operationalisierte Berufserfahrung überrascht nicht, da bisherige Studien auch hier eher uneinheitliche Effekte gezeigt haben (vgl. Kapitel B III). Entsprechend soll mit den Modellen 3 und 4 die Berufserfahrung und ihre Wirkung auf die Gründungsneigung genauer analysiert werden.

Tab. 7: Ergebnisse zur Gründungsneigung von Arbeitnehmern unter Berücksichtigung der in der abhängigen Beschäftigung herrschenden Arbeitsbedingungen

	Model I Koef. (Std. Abw.)	*Model II* Koef. (Std. Abw.)	*Model III* Koef. (Std. Abw.)
Formelles HK und allg. Berufserfahrung:			
➢ Ausbildung (in Jahren)	--	0,067*** (0,010)	0,064*** (0,011)
➢ Betriebszugehörigkeit (in Jahren)	--	-0,002 (0,003)	-0,006* (0,003)
Arbeitsbedingungen (HK):	--		
➢ Selbst. Gestaltung des Arbeitsablaufes	--	--	0,108*** (0,035)
➢ Einbindung in wichtige Entscheidungen	--	--	0,098*** (0,036)
➢ Arbeitszeit gemäß Arbeitsanfall	--	--	0,063** (0,029)
➢ Abweichung gewünschter Arbeitszeit	--	--	0,006** (0,003)
Arbeitsbedingungen (Sonstige):			
➢ Abwechslungsreiche Tätigkeit	--	--	-0,075* (0,041)
➢ Betriebsklima (Vorgesetzte)	--	--	-0,120*** (0,041)
➢ Betriebsklima (Kollegen)	--	--	-0,119*** (0,042)
➢ Erhöhtes Risiko bei Arbeitsunfällen	--	--	0,075** (0,035)
➢ Antizipierte berufl. Verschlechterung	--	--	0,015*** (0,001)
Kontrollvariablen:			
➢ Kleines Unternehmen (AN < 20)[a]	0,099** (0,050)	0,101* (0,051)	0,116** (0,052)
➢ Nettoeinkommen (x1000, in Euro)	0,089*** (0,018)	0,054** (0,018)	0,032* (0,019)
➢ Geschlecht (Weiblich)	-0,342*** (0,055)	-0,328*** (0,055)	-0,325*** (0,057)
➢ Personenalter (in Jahren)	0,049** (0,016)	0,044*** (0,016)	0,033** (0,016)
➢ Personalter zum Quadrat (in Jahren)	-0,001*** (0,000)	-0,001*** (0,000)	0,001*** (0,000)
➢ Nationalität (Deutsch)	0,057 (0,070)	0,025 (0,071)	0,021 (0,073)
➢ Berufliche Stellung (Arbeiter)	-0,328*** (0,051)	-0,192*** (0,055)	-0,214*** (0,061)
➢ Bundesländer (16)	ja	ja	ja
➢ Wirtschaftszweige (9)	ja	ja	ja
Anzahl der Fälle	5.011	5.011	5.011
LR chi2	210,14***	475,56***	807,07***
Partieller F-Test	--	46,40***	336,36***
Pseudo R^2	0,025	0,055	0,094

Signifikanzniveaus: *(0,1); **(0,05); ***(0,01)
[a] Referenzkategorie Unternehmensgröße: Unternehmen mit mehr als 20 Arbeitnehmern
Quelle: Eigene Auswertung des SOEP 2001

Der Vergleich der Ergebnisse zwischen Modell 2 und Modell 3 zeigt auf, dass ein in die Schätzung aufgenommener Vektor von Variablen, welcher die Arbeitsbedingungen in der abhängigen Beschäftigung erfasst, die Erklärungskraft des Modells deutlich erhöht. Der entsprechende partielle F-Test ist hochsignifikant und das Pseudo R^2 verdoppelt sich nahezu. *Dieser Befund kann als Beleg für die relativ hohe Bedeutung angesehen werden, welchen den Arbeitsbedingungen zukommt im Zusammenhang mit der Gründungsneigung abhängig Beschäftigter.* Alle in unserer Analyse berücksichtigten Arbeitsbedingungen sind signifikant und weisen das theoretisch vermutete Vorzeichen auf (vgl. Tab. 2 und Tab. 7): So korrelieren eine abwechslungsreiche Tätigkeit und ein gutes Betriebsklima unter sonst gleichen Bedingungen mit der Wahrscheinlichkeit, in dem abhängigen Beschäftigungsverhältnis zu verbleiben, während das erhöhte Risiko von Arbeitsunfällen sowie die antizipierte berufliche Verschlechterung im Betrieb die Absicht der Individuen, in die selbstständige Erwerbsarbeit zu wechseln, verstärken.

Besonders hervorzuheben in Bezug auf unsere theoretischen Überlegungen ist, dass auch die Indikatoren des gründungsspezifischen Humankapitals (selbstständige Gestaltung des Arbeitsablaufes, Einbindung in wichtige Unternehmensentscheidungen, Einteilung der Arbeitszeit nach Arbeitsanfall sowie die Tatsache, dass die gewünschte von der tatsächlichen Arbeitszeit abweicht) allesamt den vermuteten positiven Effekt auf die Gründungsneigung ausüben.

Die Ergebnisse des dritten Modells stützen damit unsere Hypothese, wonach spezifische Arbeitsbedingungen, die denen in einer selbstständigen Erwerbstätigkeit sehr ähnlich sind, die Gründungsneigung abhängig Erwerbstätiger befördern: wir vermuten, dass dies insbesondere auf Lerneffekte zurückzuführen ist.

Es bleibt somit die Frage offen, ob der Einfluss der untersuchten Arbeitsbedingungen auf die Gründungsneigung besonders stark bei den kleinen Unternehmen zum Tragen kommt, wie theoretisch vermutet wurde. Um diese Hypothese zu überprüfen, wurden Interaktionsterme in die Modellberechnungen eingeführt. Modelltheoretisch ist die These einer größenspezifischen Wirkungsrichtung und -stärke der Arbeitsbedingungen auf die Gründungsneigung gleichbedeutend mit der Behauptung einer Präsenz solcher Interaktionseffekte.

Die Ergebnisse aus Tabelle 8 zeigen, dass der Effekt der Arbeitsbedingungen auf die Gründungsneigung variiert mit der Unternehmensgröße hinsichtlich des Betriebsklimas und der selbstständigen Gestaltung des Arbeitsablaufes. Letzteres zeigt an, dass die Vorteile einer selbstständigen Gestaltung des Arbeitsablaufes umso stärker zum Tragen kommen, je kleiner das Unternehmen ist, in dem die Person beschäftigt ist. Während die Betriebsklima-Variablen in Modell drei noch einen negativen Einfluss auf die Gründungsneigung ausgeübt haben, dreht sich dieser Einfluss unter Berücksichtigung des entsprechenden Interaktionsterms. Ein gutes Verhältnis zu den Vorgesetzten und Kollegen ist in kleinen Unternehmen damit eher gründungsförderlich bzw. weniger gründungshemmend. Beide Ergebnisse sind unter anderem damit zu erklären, dass insbesondere in kleinen Unternehmen Mitarbeiter häufig sehr eng mit den Unternehmensinhabern zusammenarbeiten und zum anderen entsprechend unternehmenswichtige Tätigkeiten abarbeiten und dabei ihre Vorstellungen bezüglich der Arbeitseinteilung eigenständig umsetzen können. Wie bereits Bidhe (2000) zeigt, entspringen rund 70% der Firmengründungen und deren Ideen und Organisationsstrukturen in Anlehnung an die des vorherigen Arbeitgebers. Eine

Tab. 8: Interaktionseffekte

	Modell IV[a]
	Koef. (Std. Abw.)
Interaktionsterme:	
Selbstständige Gestaltung des Arbeitsablaufes x Kleines Unternehmen	0.255*** (0.080)
Einbindung wichtige Unternehmensentscheidungen x Kleines Unternehmen	0.107 (0.080)
Arbeitszeit gemäß Arbeitsanfall x Kleines Unternehmen	-0.006 (0.066)
Abweichung Arbeitszeit x Kleines Unternehmen	-0.001 (0.006)
Abwechselungsreiche Tätigkeit x Kleines Unternehmen	-0.102 (0.093)
Betriebsklima (Vorgesetzte) x Kleines Unternehmen	0.164* (0.095)
Betriebsklima (Kollegen) x Kleines Unternehmen	0.230** (0.099)
Erhöhtes Risiko bei Arbeitsunfällen x Kleines Unternehmen	0.060 (0.068)
Antizipierte berufliche Verschlechterung im Betrieb x Kleines Unternehmen	-0.003 (0.020)
Anzahl der Fälle	5.011
LR-Chi²	833,10***
Partieller F-Test	25,64***
Pseudo R²	0,097

Signifikanzniveaus: *(0,1); **(0,05); ***(0,01)
[a] Die Schätzung beruht auf Modell 3, dass um die Interaktionsterme erweitert wurde. Die übrigen Koeffizienten des Basismodells werden der Übersicht halber nicht mehr berichtet.
Quelle: Eigene Auswertung des SOEP 2001

weitere Interpretationsmöglichkeit liegt darin, dass in kleinen Unternehmen insgesamt ein gründungsfreundlicheres Klima anzutreffen ist. Vorgesetzte, oftmals in Person des Unternehmensgründers, dienen als Rollenvorbild und mit den Kollegen werden eher die Vorteile und Möglichkeiten einer möglichen Selbstständigkeit ausgelotet. Drittens können die oftmals flachen Hierarchien und damit die Option eines Up-or-Out Beförderungssystems dazu führen, dass sich Individuen mit den entsprechenden Erfahrungen und Kontakten zu ihren Vorgesetzten eher selbstständig machen als andere (vgl. auch Rajan und Zingales, 2001).

In Bezug auf die übrigen Arbeitsbedingungen konnten dagegen keine unternehmensgrößenspezifischen Effekte festgestellt werden. Damit kann Hypothese 4, die lautet, wenn ein Individuum Berufserfahrung in kleinen Unternehmen sammelt, er oder sie dort stärker

Arbeitsbedingungen ausgesetzt ist, die seine Gründungsneigung erhöht, nur mit Einschränkungen als bestätigt angesehen werden.

Da der Einfluss der Kontrollvariablen darüber hinaus nicht durch die Hinzunahme weiterer Variablenblöcke verzerrt wird, deutet dies auf die Robustheit der Befunde und die Güte der vier Schätzmodelle hin.

E. Diskussion und Ausblick

Mit dieser Studie wurde ein bis dato von der Wissenschaft noch stark vernachlässigtes gründungs- und mittelstandsrelevantes Forschungsfeld aufgegriffen. Als erstes wesentliches Resultat der Untersuchung kann festgehalten werden, dass für Unternehmen aller Größenklassen die individuelle Neigung abhängig Beschäftigter, für oder gegen die Aufnahme einer selbstständigen Erwerbsarbeit, stark von den Arbeitsbedingungen abhängt, denen die Arbeitnehmer in den Unternehmen ausgesetzt sind.

Ist die Tätigkeit in der abhängigen Beschäftigung beispielsweise abwechslungsreich, weist dieser c.p. eine geringere Gründungsneigung auf. Arbeitnehmer, die nicht so gut mit ihren Kollegen und Vorgesetzten auskommen und die bei ihrer Arbeit einem erhöhten Risiko von Arbeitsunfällen ausgesetzt sind, weisen dagegen eine höhere Gründungsneigung auf. Auch diejenigen, die mit einer beruflichen Verschlechterung im Unternehmen rechnen und deren tatsächliche Arbeitszeit in der abhängigen Beschäftigung stark von der gewünschten abweicht, zeichnen sich durch eine höhere Gründungsneigung aus.

Weitere Analysen haben ergeben, dass sich die mit der Größe einhergehenden unterschiedlich ausgeprägten Arbeitsbedingungen als Erklärung für den in der Gründungsforschung dokumentierten Zusammenhang zwischen kleinen Betriebsgrößen und stärkerer Gründungsneigung eignen. Größenspezifische Sondereffekte auf die Gründungsneigung konnten bei drei der neun untersuchten Arbeitsbedingungen festgestellt werden.

Für weitere Forschungsbemühungen auf diesem Feld kann festgehalten werden: Auf dem Gebiet unternehmensinterner Gründungsfaktoren steckt die Gründungsforschung noch in den Kinderschuhen. In dieser Studie wurde mit dem Blick auf die Gründungsneigung als zu erklärendes Phänomen nur ein kleiner Ausschnitt gezeigt. Zukünftige Forschungsanstrengungen sollten sich zum einen auf eine dezidierte theoretische Fundierung der innerbetrieblichen Determinanten der Gründungsneigung konzentrieren. Zum anderen sollte sich die empirische Analyse auf den tatsächlichen Wechsel in die Selbstständigkeit ausweiten. [13]

Anmerkungen

1 Vgl. z.B. Evans und Leighton (1989), Evans und Jovanovic (1989), Dunn und Holtz-Eakin (2000), Lazear (2003), Giannetti und Simonov (2004), Wagner (2004) und Werner (2004). Eine gute Übersicht liefert Parker (2004, S. 68–107). Caliendo et al. (2006) können mit Hilfe der Daten des deutschen Sozio-oekonomischen Panel (SOEP) empirisch zeigen, dass insbesondere die Risikoeinstellung abhängig Beschäftigter einen Einfluss auf die individuelle Selbstständigkeitsentscheidung ausübt.

2 Dieses wird von Benz und Frey (2004) als prozeduraler Nutzen definiert.

3 Eine ausführliche Übersicht über Studien mit Fokus auf die Gründungsneigung und -entscheidung liefert insbesondere Le (1999).

4 Backes-Gellner und Werner (2007) untersuchen in diesem Zusammenhang die Signalwirkung höherer Bildungsabschlüsse. Die Autoren kommen in ihrer Analyse zu dem Ergebnis, dass höhere Bildungssignale insbesondere auf innovativen Gründermärkten Informationsasymmetrien glaubhaft reduzieren können.

5 Multiskilling impliziert das Vorhandensein vielfältiger Qualifikationen (Backes-Gellner, Lazear und Wolff, 2001, S. 488). Carmichael und MacLeod (1993, S. 143) oder Carstensen (2001, S. 23f.) weisen die positive Wirkung auf Produktivität nach.

6 Hyytinen und Maliranta (2006, S. 1) erklären diesen Befund folgendermaßen: „Size matters, because especially smaller incumbents can serve as hatcheries in which entrepreneurial learning takes place. Opportunities such as learning are many, not least because the employees of smaller firms often work alongside of the firms' manager-founder(s), allowing them to observe how small businesses are run" (vgl. auch Gompers et al., 2005; Wagner, 2004, S.380).

7 Die in diesem Beitrag verwendeten Daten des Sozio-oekonomischen Panels wurden vom Deutschen Institut für Wirtschaftsforschung (DIW), Berlin, zur Verfügung gestellt.

8 Problematisch ist die Verwendung des Status der Selbstständigkeit als abhängige Variable dann, wenn sich unabhängige Variablen im Zeitverlauf verändern können (vgl. Parker, 2004, S. 25).

9 So zeigen Werner et al. (2005, S. 81) mit den Daten des Gründerpanel des IfM Bonn, dass gründungsinteressierte Personen c.p. mit einer fast 30 % höheren Wahrscheinlichkeit den Schritt in die Selbstständigkeit später tatsächlich auch vollziehen.

10 Aufgrund von Antwortverweigerungen reduziert sich die Anzahl der Fälle, die in den multivariaten Untersuchungen einfließen, auf 5.011.

11 Die ursprüngliche Einteilung des SOEP umfasst sechs Betriebsgrößen.

12 Hierbei ist zu berücksichtigen, dass die Angestellten des öffentlichen Dienstes aus der empirischen Untersuchung ausgeklammert wurden.

13 Weitere für die Gründungsneigung und die spätere Gründungsentscheidung vielversprechende theoretische Ansätze sind die Job-Search Theorie von Stigler, die Matching Theorie von Johnson und die Theorie kompensierender Lohndifferentiale. Die Arbeitsmarktökonomie verwendet suchtheoretische Modelle (Job Search Theorie von Stigler), die das Entscheidungsverhalten insbesondere eines Arbeitslosen auf der Suche nach einer abhängigen Erwerbstätigkeit abbilden. Obwohl die Alternative einer Unternehmensgründung in Studien zum Suchverhalten bisher keine Beachtung findet, könnten die Erkenntnisse aus der Job-Search Theorie bedingt auch auf die Erwerbsstatusentscheidung übertragen werden. Die Theorie kompensierender Lohndifferentiale argumentiert dahingehend, dass Arbeitnehmer unterschiedliche Präferenzen für Risiken am Arbeitsplatz aufweisen und sich daher unterschiedlich in gewisse „Jobs" sortieren bzw. für die Ausführung der Tätigkeit je nach Präferenz und Risikograd unterschiedliche Löhne als Entschädigung verlangen. Auch dieser Theorieansatz könnte sehr viel versprechend bei der Übertragung auf die Präferenz von Arbeitsbedingungen von Individuen und deren Neigung zu einer selbstständigen Tätigkeit sein (Shearer und Bellemare, 2006).

Literatur

Albach, H. (1984): Betriebswirtschaftliche Probleme der Unternehmensgründung. IfM – Materialien Nr. 14, Bonn.

Backes-Gellner, U., Lazear, E.P.; Wolff, H. (2001): Personalökonomik. Fortgeschrittene Anwendungen für das Management. Stuttgart: Schäffer-Poeschel.

Backes-Gellner, U., Werner, A. (2007): Entrepreneurial Signaling via Education: A Success Factor in Innovative Start-Ups. In: Small Business Economics. (erscheint im Sommer 2007).

Benz, M; Frey, B. (2004): Being Independent raises Happiness at Work. In: Swedish Economic Policy Review, 11, 95–134.

Blanchflower, D.G.; Oswald, A.J. (1998): What makes an Entrepreneur? In: Journal of Labor Economics, 16, 27–60.

Blanchflower, D.G. (2000): Self-employment in OECD Countries. In: Labour Economics, 7, 471–505.

Blanchflower, D.G.; Meyer, B. (1994): A Longitudinal Analysis of Young Self-employed in Australia and the United States. In: Small Business Economics, 6, 1–20.

Brüderl, J.; Preisendörfer, P.; Ziegler, R. (1992): Survival Chances of Newly Founded Business Organizations. In: American Sociological Review, 57, 227–242.

Carmichael, H.; MacLeod, W.B. (1993): Multiskilling, Technical Change and the Japanese Firm. In: The Economic Journal, 103, 142–160.

Carstensen, V. (2001): Multitasking, Multiskilling und Marktmacht. Diskussionspapier 242, Universität Hannover.

Constant, T.A.; Zimmermann, K.F. (2004): Self-Employment Dynamics Across the Business Cycle: Migrants Versus Natives. IZA Discussion Paper 1386.

Davidsson, P.; Honig, B. (2003): The Role of Social and Human Capital among Nascent Entrepreneurs. In: Journal of Business Venturing, 18, 301–331.

De Wit, G. (1993), Determinants of Self-Employment, Physica Verlag, Heidelberg.

Delmar, F. (2003): The Role of Human Capital in the Growth of Newly Founded Firms. Unveröffentlichtes Paper, präsentiert auf der Acadamy of Management Conference 2003. Seattle.

Demirer, G. (2003): Unternehmensgründungen aus Hochschulen und der Einfluss von Arbeitsmarktregulierungen – eine prospecttheoretische Analyse. dissertation.de, Berlin.

Dunn, T.; Holtz-Eakin, D. (2000): Financial Capital, Human Capital and the Transition to Self-Employment: Evidence from Intergenerational Links. In: Journal of Labor Economics, 18, 287–305.

Evans, D.S.; Jovanovic, B. (1989): An Estimated Model of Entrepreneurship Choice under Liquidity Constraints. In: Journal of Political Economy, 97, 808–828.

Evans, D.S. and Leighton, L.S. (1989): Some Empirical Aspects of Self-employment. In: American Economic Review, 79, 519–535.

Franke, N.; Lüthje, C. (2002): Studentische Unternehmensgründungen – dank oder trotz Förderung? Schmalenbachs Zeitschrift für betriebswirtschaftliche Forschung, 54, 96–112.

Fredland, J.E.; Little, R.D. (1981): Self-Employed Workers: Returns to Education and Training. In: Economics of Education Review, 1, 315–337.

Giannetti, M.; Simonov, A. (2004): On the Determinants of Entrepreneurial Activity: Social Norms, Economic Environment and Individual Characteristics. In: Swedish Economic Policy Review, 11, 269–313.

Gompers, P; Lerner, J.; Scharfstein, D. (2005): Entrepreneurial Spawning: Public Cooperations and the Genesis of New Ventures, 1986 to 1999. In: Journal of Finance, 60, 577–614.

Hamilton, B. (2000): Does Entrepreneurship Pay? An Empirical Analysis of Returns to Self-Employement. In: Journal of Political Economy, 108, 605–631.

Holtz-Eakin, D.; Joulfaian, D.; Rosen, H.S. (1994a): Entrepreneurial Decisions and Liquidity Constraints. In: RAND Journal of Economics, 25, 334–347.

Holtz-Eakin, D.; Joulfaian, D.; Rosen, H.S. (1994b): Sticking it Out: Entrepreneurial Survival and Liquidity Constraints. In: Journal of Political Economy, 102, 53–75.

Hundley, G. (2001): Why Women Earn less than Men in Self-Employment. In: Journal of Labor Research, 22, 123–145.

Hyytinen, A.; Maliranta, M. (2006): When do Employees leave their Job for Entrepreneurship: Evidence from Linked Employer-Employee Data. ETLA Discussion Paper 1023.

Johansson, E. (2000): Determinants of Self-employed Duration – Evidence from Finish Micro-data. Working Paper, University of Göteborg.

Kawaguchi, D. (2002): Compensating Wage Differentials among Self-employed Workers: Evidence from Job Satisfaction Scores. Discussion Paper 568, Institute of Social and Economic Research, Osaka University.

Krueger, N.F.; Reilly, M.D.; Casrud, A.D. (2000): Competing Models of Entrepreneurial Intensions. Journal of Business Venturing, 15, 411–432.

Le, A.T. (1999): Empirical Studies of Self-employed. In: Journal of Economic Surveys, 13, 381–416.

Lind, T.; Ohlsson, H. (1996): Self-Employment and Windfall gains: Evidence from Swedish Lottery. In: The Economic Journal, 106, 1515–1526.

Mellewigt, Th.; Schmidt, F.; Weller, I. (2006): Stuck in the Middle – Eine empirische Untersuchung zu Barrieren im Vorgründungsprozess. In: Zeitschrift für Betriebswirtschaft, Special Issue 4/2006, 93–117.

Miller, R.A. (1984): Job Matching and Occupational Choice. In: Journal of Political Economy, 92, 1086–1120.

Moog, P. (2004): Humankapital des Gründers und Erfolg der Unternehmensgründung. Wiesbaden: Gabler DUV.

Moog, P.; Backes-Gellner, U. (2006): Social Capital and the Willingness to Become Self-Employed: Is There a Difference between Women and Men? In: International Studies of Management & Organization. (Erscheint im Herbst 2007).

Parker, S.C. (2004): The Economics of Self-Employment and Entrepreneurship, Cambridge, University Press.

Rajan, R.G.; Zingales, L. (2001): The Firm as a Dedicated Hierarchy: a Theory of the Origins and Growth of Firms. The Quarterly Journal of Economics, 116, 805–851.

Rees, H.; Shah, A. (1986): An Empirical Analysis of Self-employed in the UK. In: Journal of Applied Econometrics, 1, 95–108.

Robinson, P.B.; Sexton, E.A. (1994): The Effect of Education and Experience on Self-employment Success. In: Journal of Business Venturing, 9, 141–156.

Szyperski, N. Nathusius, K. (1977): Gründungsmotive und Gründungsvorbehalte – Ergebnisse einer empirischen Analyse über potentielle und tatsächliche Unternehmensgründer. In: Die Betriebswirtschaft, 37, 299–309.

Wagner, J. (2004): Are Young and Small Firms Hothouses for Nascent Entrepreneurs? In: Applied Economics Quarterly, 50, 379–391.

Wanzenböck, H. (1998): Überleben und Wachstum junger Unternehmen. Wien.

Welter, F. (2002): Gründerinnenpotentiale. Vortrag im Rahmen des Workshops „Gründerinnen und selbständige Frauen in Deutschland“. Essen.

Van Praag, M.; Sluis, J.; /Witteloostuijn, A. (2004): The Impact of the Locus-of-Control Personality Trait on the Earnings of Employees vis-a-vis Entrepreneurs. Tinbergen Institute Discussion Papers.

Villanueva, J.; Zellmer-Bruhn, M.A.; Forbes, D; Sapienza, H.J. (2005): Entrepreneurial Intentions of Academic Scientist-Inventors. Presented at BKERC (Babson College-Kauffman Foundation Entrepreneurship Research Conference), Babson College – Boston, June 2005.

Werner, A. (2004): Arbeitsbedingungen in KMU – Eine multivariate Analyse In: Jahrbuch zur Mittelstandsforschung 2/2004, 1–20.

Werner, A.; Kay, R. (2006): Entrepreneurial Image, Gender, and the Formation of New Ventures. (2006): Die Betriebswirtschaft (DBW) 5/06, 497–521.

Werner, A.; Kay, R.; Kranzusch, P. (2006): Unternehmerbild und Gründungsentscheidung – genderspezifische Analyse. Schriften zur Mittelstandsforschung Nr. 109 NF. Wiesbaden: Deutscher Universitätsverlag (DUV).

Arbeitsbedingungen in KMU und ihr Einfluss auf die Neigung zur Selbstständigkeit: eine empirische und theoretische Untersuchung auf Basis des Humankapitalansatzes

Zusammenfassung

Im Mittelpunkt der vorliegenden Studie steht die humankapitaltheoretisch fundierte These, dass die individuelle Neigung abhängig Beschäftigter für oder gegen die Aufnahme einer selbstständigen Erwerbstätigkeit insbesondere von den herrschenden Arbeitsbedingungen abhängen, denen die Arbeitnehmer in den Unternehmen ausgesetzt sind. Die Ergebnisse der empirischen Untersuchung belegen, dass die Selbstständigkeitsneigung von Arbeitnehmern stark von den formellen Humankapitalinvestitionen der Individuen abhängen, die Berufserfahrung per se aber keinen signifikanten Einfluss auf die Gründungsneigung ausübt. Wird Berufserfahrung aber durch entsprechende Arbeitsbedingungen spezifiziert, zeigen sich die theoretisch vermuteten Zusammenhänge. Des weiteren konnten größenspezifische Effekte beim Betriebsklima und der selbständigen Gestaltung des Arbeitsablaufes festgestellt werden: So wirkt sich in kleinen Unternehmen die selbstständige Gestaltung des Arbeitsablaufes besonders stark auf die Gründungsneigung der Beschäftigten aus. Auch ein gutes Verhältnis zu Kollegen und Vorgesetzten führt insbesondere in kleinen Unternehmen c.p. zu einem stärkeren individuellen Gründungsinteresse, in größeren Unternehmen dagegen tendenziell eher zum Verbleib in der abhängigen Beschäftigung.

Working Conditions in SME and their Impact on Nascent Entrepreneurship

Summary

Individuals do not randomly become entrepreneurs: This paper investigates the impact of a variety of job conditions on the decision of employees to become nascent entrepreneurs. We present a theoretical explanation based on human capital theory and empirical evidence that explains how on-the-job characteristics affects occupational choice. We show that the transition from employee to nascent entrepreneurship depends among other things on work atmosphere, an autonomous work place, a challenging and interesting work task and physical exertion. Furthermore, we find some evidence why individuals that want to start a firm are more likely to work for a small than for a large firm. The reason for this is that some of the working conditions have a special impact on wanting to become an entrepreneur in the case that the employee works for a small business.

Keywords: Entrepreneurship, occupational choice, working conditions, human capital

JEL: M13, M54, J24, J28, C33

Externes Wissensmanagement zur Steigerung der Effizienz von Entsendungen von KMU

Von Stefan Hoffmann und Stefan Müller

Überblick

- Mangelnde internationale Erfahrung und begrenzte personelle Ressourcen erschweren die Internationalisierung kleiner und mittlerer Unternehmen. Externes, d. h. firmenübergreifendes Wissensmanagement kann helfen, interkulturelle Kompetenz zu fördern, psychische Distanz zu Auslandsmärkten zu reduzieren und interkulturelle Kontaktsituationen erfolgreich zu gestalten. Auf Basis der Angaben von 396 KMU analysiert der Beitrag Anforderungen an die inhaltliche Ausrichtung eines derartigen Wissensmanagements.
- Die Untersuchung zeigt, dass KMU ihr Auslandsengagement entlang der 'psychic distance chain' erweitern oder „allgemeinen Trends" (z. B. China-Engagement) folgen. Da sie dabei vor allem kulturell unterschiedlich geprägte Arbeitsstile als Problem wahrnehmen, sollte sich der Erfahrungs- und Wissensaustausch darauf konzentrieren. Das Bewusstsein für kulturelle Besonderheiten und die Notwendigkeit gezielter Vorbereitung wächst mit zunehmender Auslandserfahrung.
- Aus den Befunden werden Implikationen für die Gestaltung externen Wissensmanagements abgeleitet. Abschließend stellen die Autoren das von ihnen entwickelte Informationsportal „iXpatriate" als ein Beispiel eines anwendungsorientierten Lösungsansatzes vor.

Dipl.-Psych. Stefan Hoffmann ist seit 2003 wissenschaftlicher Mitarbeiter am Lehrstuhl für Marketing der Technischen Universität Dresden und ist für die Konzeption des Informationsportals „iXpatriate – das Portal für Auslandskompetenz in KMU" zuständig. Forschungsschwerpunkte: Interkulturelle Kompetenz, Konsumentenboykott, Innovativität. Lehrstuhl für Marketing, Fakultät Wirtschaftswissenschaften, Technische Universität Dresden, 01062 Dresden. Tel: 0351-463-32334; e-Mail: stefan.hoffmann@tu-dresden.de

Prof. Dr. Stefan Müller ist seit 1992 Inhaber des Lehrstuhls für Marketing der Technischen Universität Dresden. Er verfasste mit verschiedenen Koautoren mehrere Werke zur Internationalisierung der Unternehmenstätigkeit, u.a. das 2005 vom Verband der Hochschullehrer für Betriebswirtschaft ausgezeichnete Lehrbuch „Interkulturelles Marketing". Forschungsschwerpunkte: Internationales und interkulturelles Marketing, Internationalisierung, Konsumentenverhalten. Lehrstuhl für Marketing, Fakultät Wirtschaftswissenschaften, Technische Universität Dresden, 01062 Dresden. Tel: 0351-463-32334; e-Mail: mls@rcs.urz.tu-dresden.de

ZfB
ZEITSCHRIFT FÜR BETRIEBSWIRTSCHAFT

A. Einleitung

Geschäftstätigkeit über nationale Grenzen hinweg ist für viele kleine und mittlere Unternehmen (KMU) zum Tagesgeschäft geworden (bspw. von Behr/Semlinger, 2004, S. 7; Lau, 2005). Dazu zählt mit der *Entsendung* von Mitarbeitern auch eine Maßnahme, die bis in die neunziger Jahre hinein multinationalen Unternehmen (MNU) vorbehalten schien. Einsätzen im europäischen und außereuropäischen Ausland wohnt jedoch ein hohes finanzielles Risiko inne. Folgt man Selmer (2001), so müssen für einen Entsandten jährlich 300.000–1.000.000 US-Dollar aufgewendet werden. Da aber Expatriates neben ihrer eigentlichen fachlichen Aufgabe auch interkulturelle Begegnungen bewältigen müssen und darauf allzu oft ungenügend vorbereitet sind, scheitern zahlreiche Entsendungen (vgl. Tung, 1987).

Wie Graf (2004) berichtet, verfehlen 16–50% der Expatriates die Ziele ihres Unternehmens (vgl. auch Black et al., 1991; Allerton, 1997; Shaffer et al., 1999). Dass es sich dabei um eine realistische Einschätzung handelt, belegt die hohe Abbruchquote, die bei US-amerikanischen Expatriates zwischen 20–50% liegt (vgl. Fritz/Möllenberg, 2003). Deshalb betrachten viele interkulturelle Kompetenz als eine *Schlüsselqualifikation* nicht nur von Auslandsmitarbeitern. In dem Maße, wie auch in vielen Stammhäusern und Unternehmenszentralen die kulturelle Diversität zunimmt, sollten möglichst viele Mitarbeiter darüber verfügen.

Inzwischen wird eine Vielzahl von Maßnahmen zur Förderung interkultureller Kompetenz mit dem Ziel angeboten, Expatriates wirksamer als bisher auf ihre Aufgaben vorzubereiten. Derartige Qualifizierungsangebote werden jedoch meist nur von MNU genutzt. Kleinere Unternehmen können sich interkulturelles Training oftmals nicht leisten oder halten dies nicht für notwendig (bspw. Brussig et al., 2001; Keller, 2001, S. 139). Zudem können in MNU auslandserprobte Mitarbeiter ihre Kenntnisse im Zuge des internen *Wissensmanagements* an unerfahrene Kollegen weitergeben und damit helfen, diese auf die neuartige Lebens- und Arbeitssituation im Ausland vorzubereiten. In KMU wiederum stehen in der Regel weder vergleichbares internes Know-how noch die erforderliche Kommunikationstechnologie zur Verfügung. Zwar unterstützen zahlreiche staatliche und private Dienstleister (bspw. *IHK*, *AHK* oder *bfai*) gezielt KMU bei der Vorbereitung von Auslandseinsätzen; doch haben Unternehmensbefragungen immer wieder gezeigt, dass sich viele Mitarbeiter durch Angebote dieser Institutionen nicht hinreichend auf den konkreten Umgang mit anderen Kulturen und fremdartigen Geschäftsgebräuchen vorbereitet fühlen.

Aufgrund des häufig beklagten „Information Overflow-Paradoxon" besteht unsere Zielsetzung weniger darin, die Informationsvermittlung durch externe Anbieter zu optimieren. Vielmehr soll die *Kooperation* zwischen KMU auf dem Gebiet des Wissensmanagements mit dem Ziel gefördert werden, verstärkt „erfahrungsgesättigtes" bzw. „kontextgebundenes" Wissen zu dokumentieren und verfügbar zu machen. Während *Netzwerke* bei der Internationalisierung anderer Unternehmensfunktionen (bspw. Export, Auslandsvertrieb) bereits keine Seltenheit mehr darstellen, sind viele KMU hinsichtlich des internationalen Personalmanagements im Allgemeinen und des Erwerbs interkultureller Kompetenz im Besonderen weitgehend auf sich gestellt. Dieser Nachteil könnte mit Hilfe eines *externen, d. h. firmenübergreifenden Wissensmanagements* nachhaltig verbessert werden (vgl. Mowery et al. 1996; von Behr/Semlinger 2004; Oechsler 2005; Ortmann/Sydow 2005). Notwendige Voraussetzung dafür ist, dass die KMU auf Informations- und Kommunikationsmittel zurückgreifen können, welche diesen Prozess unterstützen. Anliegen unseres Beitrages ist es, hierfür die wissenschaftliche Grundlage zu legen. Deshalb wollen wir Unternehmensmerkmale identifizieren, die es erlauben, den Informationsbedarf zu prognostizieren, und ermitteln, welches Wissen zwischen KMU, die prinzipiell zu einer Internationalisierung ihrer Geschäftstätigkeit in der Lage sind, in welcher Weise transferiert werden sollte. Abschließend leiten wir praktische Implikationen ab und stellen das Informationsportals *iXpatriate*[1] kurz vor. Diese neue Internetplattform soll als ein Instrument des firmenübergreifenden Wissensmanagements insb. helfen, die interkulturelle Kompetenz der Mitarbeiter deutscher KMU zu stärken.

B. Theoretische Grundlage

I. Bedeutung von Wissen für die Internationalisierung

In ihrem bekannten Erklärungsansatz charakterisiert die *Uppsala-Schule* Internationalisierung als *Lernprozess* (vgl. Johanson/Wiedersheim-Paul, 1975; Johanson/Vahlne, 1977). Dieser verläuft graduell und unterliegt dem Wechselspiel von 'market knowledge', d. h. Zuwachs an Wissen und Erfahrungen, sowie 'market commitment', d. h. Ausweitung des internationalen Engagements. Bei der Entscheidung, welche neuen Märkte erschlossen werden sollen, greift das Management aber nicht nur auf Wissen ('objective knowledge') und Erfahrungen ('experiental knowledge') zurück, die es bereits auf Auslandsmärkten erworben hat. Die konkrete Entscheidung, welche Ländermärkte mit welcher Strategie bearbeitet werden sollen, wird auch durch die *psychische Distanz* des Managements zu den Zielmärkten bzw. deren subjektive *kognitive Landkarten* nachhaltig beeinflusst (bspw. Ronen/Shenkar, 1985). Während das Konzept der kognitiven Landkarte das durch Laientheorien verbundene und netzwerkartig organisierte einschlägige subjektive Wissen bezeichnet, meint psychische Distanz „the sum of factors preventing the flow of information from and to the market" (Johanson/Vahlne, 1977, S. 24). Als Konsequenz beginnt die Internationalisierung der Unternehmenstätigkeit gewöhnlich in Ländern, die dem Management bereits vertraut sind. Mit zunehmender internationaler Erfahrung wird dann der Markteintritt in psychisch weiter entfernte Länder wahrscheinlich (vgl. Barkema et al., 1996; Bamberger/Evers, 1997), wobei Zielmärkte entlang der *'psychic distance chain'* und Markteintrittsstrategien entlang der *'establishment chain'* ausgewählt werden.

Zwar wurde das *Uppsala-Modell* in Detailfragen kritisiert[2] (vgl. zusammenfassend Kutschker/Schmid, 2005, S. 463). Grundsätzlich fand es jedoch breite Akzeptanz und hat sich als äußerst fruchtbar erwiesen und zahlreiche Denkanstöße vermittelt; hierzu zählt u.a. die Identifikation von (modalen und peripheren) Pfaden der Internationalisierung. In dem Maße, wie der *ressourcenbasierte Denkansatz*, der nicht substituierbares Wissen als kritische Ressource ansieht, auch in dieses Forschungsfeld Eingang gefunden hat, erweiterte sich jedoch die Perspektive. Zunächst wurde, gestützt auf kommunikationstheoretische und persönlichkeitspsychologische Erkenntnisse, „interkulturelle Kompetenz" konzeptualisiert. Dieses Konstrukt umfasst neben verschiedenen Eigenschaften und Fähigkeiten auch kulturelles Wissen, welches es erlaubt, die Transferbarriere „psychologische

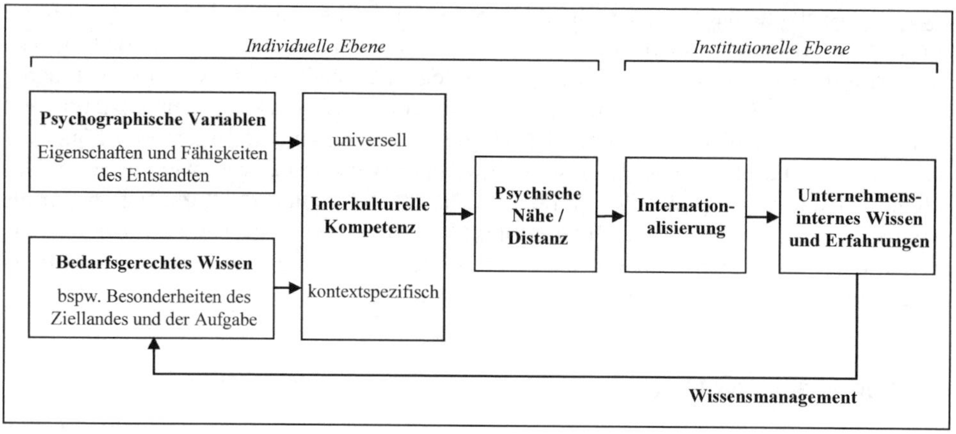

Abb. 1: Internationalisierung und Wissensmanagement aus Sicht des ressourcenorientierten Ansatzes

und/oder kulturelle Distanz" zu überwinden (vgl. Al-Laham, 2003). Gegenstand der Analyse war dabei der einzelne Manager bzw. Mitarbeiter. Um jedoch Unternehmenserfolg zu gewährleisten, bedarf es auch der *institutionellen Fähigkeit,* diese kritische Ressource (d.h. das unternehmensintern vorhandene explizite und implizite Wissen sowie einschlägige Erfahrungen) zum richtigen Zeitpunkt erschließen und den Mitarbeitern zugänglich machen zu können. Diese Zusammenhänge sind in Abb. 1 schematisch dargestellt und werden in den folgenden Kapiteln erläutert.

II. Vom Handlungstraining zum Wissensmanagement

Aufgrund begrenzter finanzieller und häufig mangelnder *personeller Ressourcen* müssen Mitarbeiter von KMU die Herausforderungen eines Auslandseinsatzes oftmals weniger gut vorbereitet bewältigen als von Großunternehmen Entsandte (vgl. von Behr, 2000). Da in interkulturellen Kontaktsituationen kulturell geprägte Verhaltensweisen, Kognitionen und Emotionen aufeinander treffen, sind Missverständnisse bzw. Konflikte fast unausweichlich (vgl. Holzmüller/Berg, 2002, S. 889f.; Müller/Gelbrich, 2004, S. 285ff.). Deshalb „stolpern" viele unvorbereitet Entsandte über „kulturelle Barrieren" (vgl. Janssens, 1995; Barkema et al., 1996). Zu möglichen Gegenmaßnahmen zählt die Förderung *interkultureller Kompetenz* (vgl. Kühlmann, 2000; Brussig et al., 2001), d.h. der Fähigkeit, mit Angehörigen anderer Kulturen angemessen und effektiv interagieren zu können (vgl. Müller/Gelbrich, 2001, S. 247).

Anfänglich wurde dieses Konstrukt, ausgehend vom Drei-Komponenten-Modell der Einstellung, in drei Forschungslinien untersucht: Der *kognitive Ansatz*, der auch im Mittelpunkt unserer Studie steht, betont das Wissen um kulturelle Unterschiede, die Fähigkeit zur Introspektion und das Verständnis von Konventionen sowohl der eigenen als auch fremder Kulturen (bspw. Wiseman/Abe, 1986; Collier, 1988). Davon zu unterscheiden sind der *konative Ansatz* (bspw. Ruben, 1976; Hammer, 1987) und der motivationale bzw. *affektive Ansatz* (vgl. Gudykunst et al., 1977). Neuere, integrative Ansätze verbinden die drei Forschungslinien (bspw. Chen/Starosta, 1996). Aus wirtschaftswissenschaftlicher Sicht überbetonen sie jedoch allesamt psychographische sowie kommunikative Elemente und vernachlässigen betriebliche sowie persönliche *Kontextfaktoren* (Johnson et al., 2006). Zu diesen von den Vertretern des *Kontingenzansatzes* berücksichtigten Variablen zählen u.a. die gewählte Markteintrittsstrategie, die Art der vom Entsandten zu lösenden Aufgabe, der Einsatzort sowie Art und Intensität der Unterstützung durch die Familie (bspw. Shaffer/Harrison, 1998; Stahl, 2002; Cui/Lui, 2005).

Inzwischen hat die Personalpolitik zahlreiche Entwicklungsmaßnahmen konzipiert, die helfen sollen, interkulturelle Kontaktsituationen konfliktfrei und erfolgreich zu bewältigen. Hierzu zählt insb. das *interkulturelle Handlungstraining* (bspw. Thomas et al., 2003). Morris und Robie (2001) ermittelten in einer umfassenden Metaanalyse, dass der durchschnittliche Effekt, den derartige Trainingsmaßnahmen entfalten, zwar empirisch nachweisbar, aber faktisch schwach ist (Arbeitsleistung im Ausland: r = 0,26; Anpassung: r = 0,13). Allerdings variiert die Wirkung stark, je nachdem, welches Trainingskonzept verfolgt wird. Aber selbst dann, wenn man dies und den Umstand in Rechnung stellt, dass die Wirkung durch eine stärkere Anpassung an das jeweilige Zielland, die zu bewältigende Aufgabe und weitere *Kontextfaktoren* gesteigert werden könnte, bleiben doch Zweifel an der Effizienz der gewöhnlich zeit- und kostenintensiven standardisierten Trainingsmaßnahmen, die ausschließlich auf der individuellen Ebene ansetzen. Erweitert man deshalb die Perspektive von der Personal- zur Organisationsentwicklung, so wird deutlich, dass das spezifische Wissen und die Erfahrungen, die Angehörige des eigenen und/oder anderer Unternehmen in vergleichbaren Situationen erworben haben, mit Hilfe von *Wissensmanagement* systematisch genutzt werden sollten (bspw. Bartlett/Ghoshal, 1987; Schreyögg, 2001).

III. Wissensorganisation als Schlüssel der Internationalisierung

Gemessen an immateriellen Ressourcen (Wissen, Erfahrung, Information etc.) verlieren materielle Wettbewerbsvorteile im internationalen Wettbewerb zunehmend an Bedeutung, da sie häufig leichter imitierbar sind. Gerade für KMU, welche eine Ausweitung der internationalen Geschäftstätigkeit anstreben, stellt die gezielte Aufbereitung und Nutzung von Wissen vermutlich die größte Herausforderung dar (vgl. von Behr/Semlinger, 2004, S. 8).

Von den von Nonaka (1994) in die Literatur zum organisationalen Lernen eingeführten vier Formen der Wissenstransformation praktizieren MNU nach Welge/Holtbrügge (2000) insb. *Sozialisation* und *Externalisierung* des Wissens. Allerdings erweist sich die mit Letzterem intendierte Überführung von implizitem in explizites Wissen oftmals als wenig effektiv, weshalb Schreyögg/Geiger (2005) die *narrative Weitergabe* nicht-kodifizierten Wissens favorisieren ('story telling'). *Kombination* als dritte Spielart der Wissenstransformation nach Nonaka (1994) ist vielen kleineren Unternehmen allein schon deshalb kaum möglich, weil im Regelfall die benötigten „weichen" Informationen intern nicht verfügbar sind. Ihnen ist deshalb tendenziell verwehrt, was zu den Wettbewerbsvorteilen von

MNU zählt: den Prozess des organisationalen Lernens zu internalisieren, indem sie vorhandene Erfahrungen zwischen verschiedenen Organisationseinheiten und Standorten transferieren (vgl. Welge/Holtbrügge, 2000). Durch den Rückgriff auf externe Datenquellen (bspw. *Euro Info Centre*) lässt sich dieser größenbedingte Nachteil jedoch ausgleichen und das den KMU immanente Informationsdefizit reduzieren (vgl. Stahr/Backes, 1992; von Behr, 2001, S. 10). Allerdings sollte beachtet werden, dass viele Führungskräfte von KMU nicht primär ein Informationsdefizit, sondern „Uninformiertheit im Informationsüberfluss" beklagen (vgl. Koller et al., 1998, S. 190): Sie empfinden Überforderung und Verunsicherung, hervorgerufen durch eine übermäßige Fülle häufig unspezifischer und bisweilen auch interessengeleiteter Informationen (vgl. Cafferata/Mensi, 1995, S. 35ff.).

C. Untersuchungsansatz und -design

I. Zielsetzung

Im Mittelpunkt dieser Studie steht der Beitrag, den externes, d.h. firmenübergreifenden Wissensmanagement zur Vermittlung interkultureller Kompetenz und damit auch zur Reduktion psychischer Distanz zu Auslandsmärkten leisten kann. Notwendige Voraussetzung dafür ist allerdings, dass die KMU auf Informations- und Kommunikationsmittel zurückgreifen können, welche diesen Prozess unterstützen. Die vorliegende Studie soll hierfür die wissenschaftliche Grundlage legen. Deshalb wollen wir Unternehmensmerkmale identifizieren, die es erlauben, den Informationsbedarf zu prognostizieren und ermitteln, welches Wissen zwischen KMU, die prinzipiell zu einer Internationalisierung ihrer Geschäftstätigkeit in der Lage sind, transferiert werden sollte.

II. Hypothesen

Gemäß der 'contingent resource perspective' ergibt sich der konkrete Informationsbedarf aus den spezifischen Kontextfaktoren und Anforderungen einer Entsendung. Deshalb war zunächst zu ermitteln, in welchen Auslandsmärkten sich deutsche KMU mit Hilfe welcher Markteintrittsstrategien zukünftig engagieren werden. Mehrere Studien bestätigen zum einen, dass auch deutsche KMU vielfach die im *Uppsala-Modell* beschriebene „Strategie der Vorsicht" verfolgen (vgl. Borrmann et al., 1996, S. 16; Koller et al., 1998, S. 188): Sie überwinden die anfängliche Präferenz für die Erschließung der Heimatregion ('region bias') nur Schritt für Schritt.

H1: KMU wählen als zukünftige Zielregionen vorrangig solche Märke aus, die den bereits bearbeiteten Regionen geographisch oder kulturell nahe liegen.

Zum anderen spielen aber gerade für KMU vielfach auch zufällige Faktoren (z.B. 'unsolicited orders') eine Schlüsselrolle (vgl. Koller et al., 1998, S. 190). Hinzu kommen allgemeine Trends und Managementmoden, wie der nicht immer rationale „Run der Investoren" nach China oder Osteuropa; denn diese Länder bzw. Regionen stehen nicht nur aufgrund von tatsächlichen oder vermeintlichen Standortvorteilen (z.B. geringe Lohnkosten), sondern auch als Folge von Agenda-Setting im Fokus deutscher Unternehmen (vgl. Hauler, 2005).

H2: KMU folgen bei der Wahl zukünftiger Zielregionen dem allgemeinen Trend nach Asien und Osteuropa.

Wie die Studie *Going International 2005* der *Deutschen Industrie- und Handelskammer (DIHK)* zeigt, variiert die Erfolgsquote der Auslandsengagements deutscher Unternehmen deutlich zwischen den Zielregionen (vgl. Lau, 2005). Dies führt zu der Forschungsfrage, wo KMU mit welchen *interkulturellen Kontaktsituationen* umgehen können müssen. Empirische Studien zeigen, dass Entsandte neben der Anpassung an die Arbeitsbedingungen ('work adjustment') auch die soziale Integration ('social adjustment') bewältigen müssen (Black et al., 1991; Bhaskar-Shrinivas et al., 2005).

H3: KMU nehmen Probleme der beruflichen und Probleme der sozialen Integration unterschiedlich stark wahr.

Gemäß der Kontingenzhypothese postulieren wir, dass Entsandte in unterschiedlichen Zielregionen mit charakteristischen Problemen konfrontiert werden.

H4: Es besteht ein Zusammenhang zwischen dem Auftreten spezifischer Probleme und den bearbeiteten Zielregionen.

Zudem kann angenommen werden, dass KMU, die ausschließlich exportieren, d.h. noch am Anfang der 'establishment chain' des *Uppsala-Modells* stehen, auf Auslandsmärkten seltener mit kulturell bedingten Problemen konfrontiert werden als Unternehmen, die auf einer höheren Stufe der „Leiter der Internationalisierung“ agieren (bspw. Kooperation oder Direktinvestition).

H5: Das Management von KMU, deren Auslandsengagement auch Joint Ventures oder Auslandsniederlassungen einschließt, empfindet mehr kulturell bedingte Probleme als das Management von Unternehmen, die ausschließlich exportieren.

Neben dem Einfluss von Kontextfaktoren auf Zielregionen und Problembereiche der Internationalisierung analysieren wir das einschlägige *Informationsverhalten* der KMU. Hinsichtlich der Akzeptanz außenwirtschaftlicher Informationsquellen ist zu vermuten, dass die in früheren Studien (z.B. Köglmayr, 1990; Kleine, 2000, S. 290) aufgezeigte Vorrangstellung der *Industrie- und Handelskammern* zwar nach wie vor besteht, die anfänglichen Vorbehalte gegenüber außenwirtschaftlichen Datenbanken mittlerweile aber überwunden sind. Zudem nehmen wir an, dass Unternehmen, die bereits mehr Auslandserfahrung gesammelt haben, verstärkt handlungsorientierte Angebote nutzen.

H6: Unternehmen, die auf einer höheren Stufe der 'establishment chain' stehen, nutzen in stärkerem Maße handlungsorientierte Vorbereitungsmaßnahmen, während Unternehmen, die auf einer frühen Stufe der 'establishment chain' stehen, allgemeine Informationsangebote präferieren.

Darauf aufbauend analysieren wir, welche Informationen KMU subjektiv benötigen und ob diese Nachfrage im Zusammenhang mit der Zielregion steht.

H7: Es besteht ein Zusammenhang zwischen der Zielregion und dem Informationsbedarf.

Vermutlich verändert sich der Informationsbedarf mit dem Grad bisheriger Auslandserfahrung. Wir postulieren, dass insb. das Bewusstsein für die Existenz kultureller Unterschiede mit zunehmender Erfahrung wächst.

H8: Je stärker das bisherige Auslandsengagement eines Unternehmens, desto größer ist das Bewusstsein für kulturelle Besonderheiten.

Abschließend soll überprüft werden, welche Formen der Informationsvermittlung KMU favorisieren. Wir postulieren, dass das Bewusstsein für die Notwendigkeit bzw. Vorteile einer gezielten Auslandsvorbereitung erst mit zunehmender Auslandserfahrung wächst. Somit werden KMU, die sich auf einer höheren Stufe der 'establishment chain' befinden, eher bereit sein, zeitliche und finanzielle Ressourcen in die Vorbereitung von Auslandseinsätzen zu investieren.

H9: Je stärker das bisherige Auslandsengagement, desto höher ist die Bereitschaft von KMU, zeit- und kostenintensive Vorbereitung zu treffen.

III. Stichprobe

Aus einer Wirtschaftsdatenbank wählten wir 4.000 deutsche, mehrheitlich im Ausland tätige Unternehmen aus. 396 Unternehmen, d.h. 9,9%, beteiligten sich an der Befragung (77,3% aus Westdeutschland, 22,7% aus den Neuen Bundesländern). Eine Non-Response-Analyse ergab keine signifikanten Unterschiede zwischen antwortenden und nicht-antwortenden Unternehmen. Tab. 1 veranschaulicht die jeweilige *Unternehmensgröße* der drei in der Stichprobe am stärksten vertretenen Wirtschaftsbereiche. Erwartungsgemäß besteht ein starker positiver Zusammenhang zwischen der Anzahl der Mitarbeiter und dem jährlichen Umsatz der KMU ($r = 0{,}88$; $p < 0{,}001$). 89,1% der antwortenden Unternehmen gaben an, mit folgenden *Markteintrittsformen* bereits im Ausland tätig zu sein: Export (71,7%), Auslandsniederlassung (23,7%), Kooperation (23,5%), Lizenzvergabe (3,5%), Franchising (1,0%). Knapp ein Drittel (31,8%) verfolgt multiple Markteintrittsstrategien. Zumeist kombinieren diese Unternehmen die Export- mit weiteren Internationalisierungsstrategien (29,7%).

Tab. 1: Stichprobenstruktur

Anzahl der Mitarbeiter	**Industrie** *(n = 172)*	**Dienstleistung** *(n = 53)*	**Handel** *(n = 52)*
1–10	9,9%	46,2%	48,1%
11–50	36,0%	28,8%	36,5%
51–250	35,5%	15,4%	15,4%
mehr als 250	18,6%	9,6%	0,0%

IV. Operationalisierung

Zunächst nannten die Auskunftspersonen die drei für ihr Unternehmen jeweils wichtigsten aktuellen und zukünftigen *Zielländer*. Für die statistische Auswertung fassten wir diese zu den *Regionen* Nordamerika, Lateinamerika, Westeuropa, Osteuropa, Russland, Asien, Ozeanien, Arabischer Raum und Afrika zusammen. Fragen zu Problemen interkultureller Kontaktsituationen und dem daraus erwachsenden Informationsbedarf leiteten wir aus der einschlägigen Literatur zur interkulturellen Kompetenz ab (u.a. Stahl, 2002). In den Mittelpunkt stellten wir *Schwierigkeiten*, die sich auf das Arbeitsleben bzw. die soziale Integration beziehen. Die Befragten markierten jeweils maximal drei der elf vorgegebenen Problembereiche, die bei eigenen Entsendungen bereits aufgetreten sind. Auf Basis von Expertenurteilen wurde der mögliche *Informationsbedarf* vorab zu acht Kategorien zusammengefasst: Arbeitswelt, Kommunikation, kulturelle Besonderheiten, Zeitmanagement, Geschäftsusancen, Fakten & Hintergründe, praktische Tipps sowie Land & Leute. Diese acht Kategorien hatten die Befragten gemäß der empfundenen Wichtigkeit zu rangreihen. Anschließend wurden sie gebeten, innerhalb der für sie wichtigsten Rubrik acht Unterrubriken entsprechend zu bewerten (siehe Anhang 1).

D. Ergebnisse

I. Zukünftige Zielmärkte

Wie Abb. 2 zeigt, konzentrieren sich viele KMU bislang auf Westeuropa. Diese Region wird jedoch an Bedeutung verlieren. Künftig treten osteuropäische, asiatische und russische Märkte verstärkt in das Blickfeld. Ohne Bedeutung für die Befragten sind Ozeanien sowie Afrika.

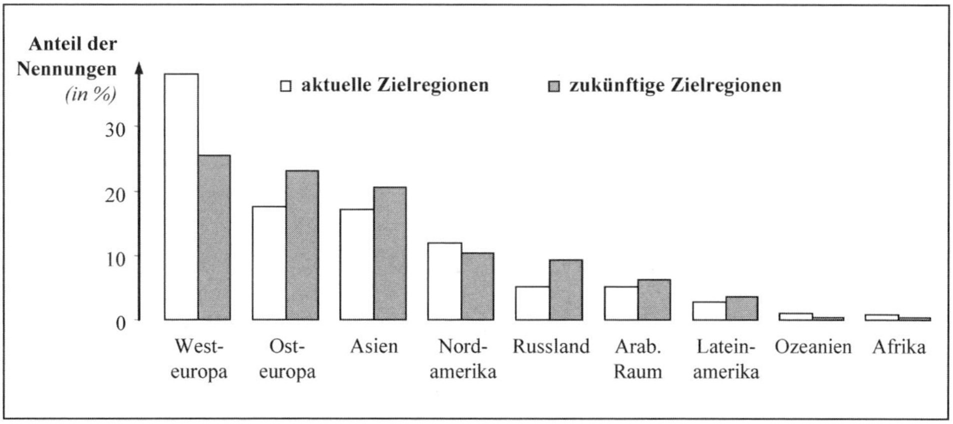

Abb. 2: Regionale Schwerpunkte
Anmerkung: Mehrfachnennungen möglich; Anteil der Nennungen bezieht jeweils auf die Gesamtzahl der genannten Zielregionen (aktuell: n = 700; zukünftig: n = 586).

Zur Überprüfung der Hypothesen H1 und H2 ermittelten wir, welcher Anteil der Unternehmen, die derzeit in einer bestimmten Zielregion tätig sind, künftig in dieser bzw. einer anderen Zielregion stärker aktiv werden möchte. Ozeanien und Afrika wurden aufgrund geringer Fallzahlen ausgeschlossen. Die in Tab. 2 markierte Diagonale gibt zu erkennen, dass die Mehrzahl der Unternehmen zunächst das Engagement in der aktuellen Zielregion verstärken möchte. Aber auch Regionen, welche der aktuellen Zielregion geographisch oder kulturell nahe stehen, wollen die Befragten, wie in H1 vorhergesagt, intensiver bearbeiten. Beispielsweise erwägen 34,1% der Unternehmen, die in Westeuropa, und 40,5% derer, die bereits in Russland tätig sind, dem osteuropäischen Markt zukünftig mehr Beachtung zu schenken. Die strategische regionale Ausrichtung reflektiert aber nicht nur die jeweilige kulturelle oder geographische Distanz, sondern unterliegt auch allgemeinen Trends: Unabhängig davon, wo sie bislang präsent sind, planen viele Unternehmen, sich in Asien und Osteuropa stärker zu engagieren ($\chi^2 = 220{,}8$; df = 36; $p < 0{,}001$). Damit kann auch Hypothese H2 beibehalten werden.

Tab. 2: Regionale Ausweitung der Unternehmenstätigkeit

Zielregion aktuell / zukünftig	Lateinamerika (*n = 20*)	Nordamerika (*n = 83*)	Westeuropa (*n = 267*)	Osteuropa (*n = 123*)	Russland (*n = 37*)	Arab. Raum (*n = 37*)	Asien (*n = 120*)
Lateinamerika	50,0	8,4	4,1	3,3	5,4	8,1	9,2
Nordamerika	20,0	42,2	15,4	9,8	10,8	16,2	22,5
Westeuropa	15,0	30,1	52,4	33,3	21,6	29,7	21,7
Osteuropa	15,0	26,5	34,1	62,6	40,0	29,7	28,3
Russland	15,0	19,3	12,7	17,9	45,9	10,8	14,2
Arabischer Raum	15,0	6,0	10,1	4,9	16,2	37,8	10,8
Asien	45,0	50,6	28,8	26,8	40,5	43,2	59,2

Anmerkung: Angaben (in %) beschreiben, welcher Anteil der Unternehmen, die in einer bestimmten Zielregion aktuell tätig sind, sich künftig in den anderen Zielregionen verstärkt engagieren möchte. Starkes Engagement (über 25%) ist grau unterlegt. Die Diagonale verdeutlicht ein verstärktes Engagement in der aktuellen Region. Die Gesamtangabe pro Spalte übersteigt aufgrund von Mehrfachnennungen 100%.

II. Probleme bei der Entsendung von Mitarbeitern

Mehr als die Hälfte der befragten Unternehmen (51,8%) hat bereits Mitarbeiter ins Ausland entsendet; 28,3% von diesen nur Fachkräfte, 30,2% nur Führungskräfte und 41,5% sowohl Fach- als auch Führungskräfte. Der Großteil der Entsendeunternehmen (59,0%) gibt an, im Ausland schon mindestens einmal gravierende Probleme erlebt zu haben. Abb. 3 veranschaulicht, dass diese vielfach mit unterschiedlicher kultureller Prägung zusammenhängen. So beklagen 37,1% mangelnde Zuverlässigkeit im Zielland, 31,2% unterschiedliche Auffassungen bei Verhandlungen sowie Vertragsgestaltung und 30,2% den Arbeitsstil. Im Vergleich dazu wird das Sozialleben als weniger problematisch beurteilt,

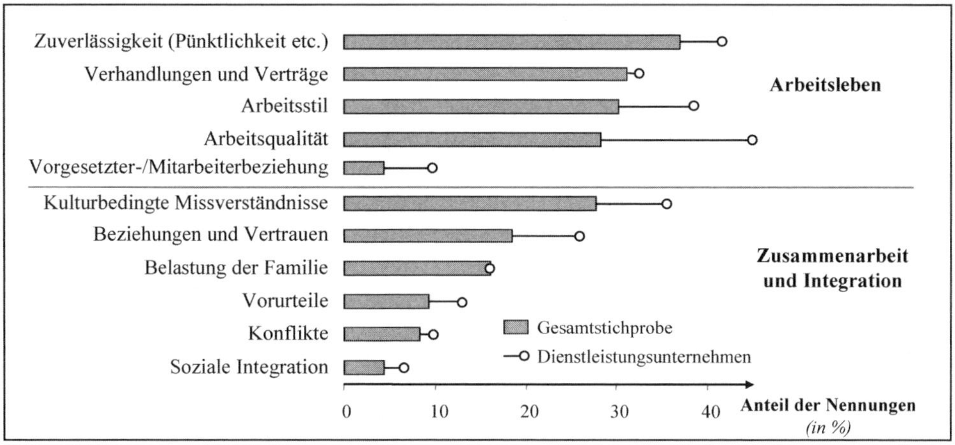

Abb. 3: Im Verlauf von Auslandsentsendungen aufgetretene Probleme
Anmerkung: n = 205; Mehrfachnennungen möglich.

was H3 unterstützt: Angehörige von KMU sehen sich stärker mit *Problemen* konfrontiert, die direkt mit dem *Arbeitsleben* bzw. dem *Arbeitsergebnis* im Zusammenhang stehen. Da sie häufiger und intensiver mit ihren Kunden interagieren, gilt dies vor allem für Dienstleistungsunternehmen.

Da sich die genannten Probleme vorrangig auf kulturelle Unterschiede zurückführen lassen, soll nun überprüft werden, ob sie in bestimmten Zielregionen häufiger als in anderen auftreten (H4). In Tab. 3 ist als Zusammenhangsmaß der korrigierte Phi-Koeffizient (Phi_{korr}) angegeben, der an dem von der Randsummenverteilung abhängigen, maximal möglichen Phi-Koeffizient relativiert wurde (vgl. Cureton, 1959; Bortz, 1999). Ein positiver Phi-Koeffizient bedeutet, dass dieses Problem in der Region überdurchschnittlich

Tab. 3: Zusammenhang der bedeutendsten interkulturellen Probleme mit den Zielregionen

	Nord-amerika *(n = 54)*	**West-europa** *(n = 133)*	**Ost-europa** *(n = 66)*	**Russland** *(n = 24)*	**Arabischer Raum** *(n = 27)*	**Asien** *(n = 78)*
Zuverlässigkeit					,29 *	
Verhandlungen und Verträge		-.29 *		,33 **		
Arbeitsstil	-,20 *					
Arbeitsqualität	-,21 **	-,33 *			,23 *	
Kulturbedingte Missverständnisse						
Beziehungen und Vertrauen		-,50 *				
Belastung der Familie		-,47 *			,21 **	,32 *

Anmerkung: Nur signifikante Zusammenhänge (Phi_{korr}) sind dargestellt; * p < 0,05; ** p < 0,01.

häufig auftritt, ein negativer Wert weist auf ein unterdurchschnittliches Ergebnis hin. Die Analyse ergab, dass die Befragten in Gebieten, die kulturell ähnlich geprägt sind wie Deutschland (d. h. Nordamerika und Westeuropa), mangelnde Arbeitsqualität und andere Schwierigkeiten verhältnismäßig selten erlebt haben (= negativer Phi-Koeffizient). Anders verhält es sich mit den kulturell weiter entfernten Regionen (= positiver Phi-Koeffizient). So ist bei Entsendungen nach Asien und in den arabischen Raum mit einer erhöhten Belastung der Familie zu rechnen. (Eine nach den wichtigsten Zielländern differenzierte, deskriptive Darstellung der Häufigkeit der genannten Probleme findet sich im Anhang 2.)

Als nächstes sollte geprüft werden, ob KMU, die mit ausländischen Partnern kooperieren oder Direktinvestitionen tätigen, mehr kulturell bedingte Probleme empfinden als KMU, die ausschließlich exportieren (H5). Die Analyse offenbart, dass die meisten Unternehmen mangelnde Zuverlässigkeit als ein bedeutendes Problem ansehen (vgl. Abb. 4). Zwar stellt sich dies für KMU, die auf einer fortgeschritteneren Stufe der 'establishment chain' agieren, etwas gravierender dar. Der t-Test für unabhängige Stichproben identifizierte jedoch keinen statistisch signifikanten Unterschied. Fast alle anderen Probleme treten bei KMU, deren Auslandsengagement Kooperation und/oder Auslandsniederlassungen einschließt, signifikant häufiger auf als bei Exportunternehmen ($p < 0{,}05$: Vorurteile, $p < 0{,}01$: Beziehungen und Vertrauen, Belastung der Familie, Konflikte und soziale Integration; $p < 0{,}001$: Arbeitsstil, Verhandlungen und Verträge, Arbeitsqualität und kulturbedingte Missverständnisse), so dass Hypothese H5 als bestätigt gelten kann. Dies lässt sich dadurch erklären, dass ein positiver Zusammenhang zwischen der Entsendung von Mitarbeitern und den Eintrittsstrategien Auslandsniederlassung (phi = 0,28; $p < 0{,}001$) bzw. Kooperation (phi = 0,19; $p < 0{,}001$) besteht und folglich diese Art der Markterschließung mehr interkulturelle Kontaktsituationen impliziert als die Exportstrategie.

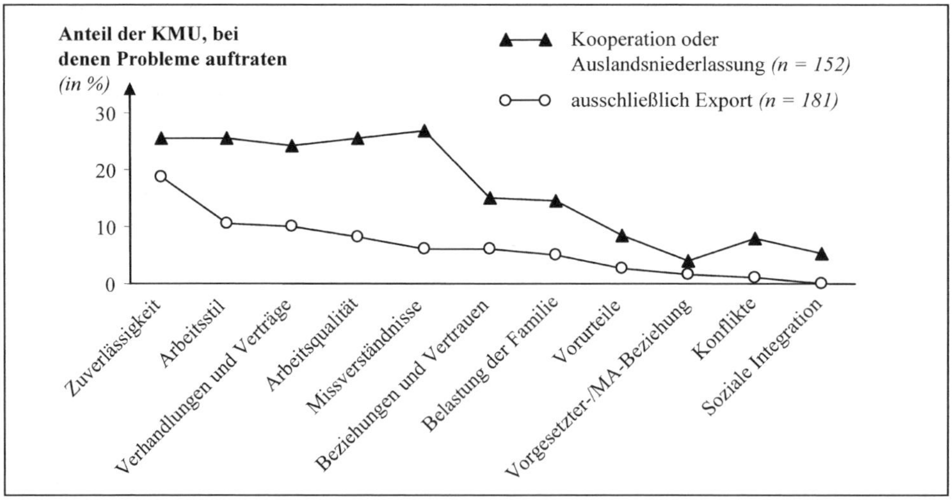

Abb. 4: Kulturell bedingte Probleme in Abhängigkeit von der Markteintrittsstrategie

Die meisten KMU sind sich zwar bewusst, dass die im Ausland gesammelten Erfahrungen und das daraus erwachsende Wissen genutzt werden sollten, um ähnliche Probleme bei weiteren Entsendungen zu vermeiden. Sie unternehmen zumeist aber wenig, um dieses Know how strukturiert zu nutzen. So gaben 65,5% Unternehmen an, Erfahrungen ausschließlich durch informelle Gespräche weiterzugeben (*Sozialisation*). Nur 19,0% setzen dafür gezielt interne Kommunikation ein (*Externalisierung* und *Kombination*).

III. Informationsbedarf in der Vorbereitungsphase

Wie Abb. 5 zeigt, sind vor allem die *Industrie- und Handelskammern* und bedingt auch die *Außenhandelskammern* nach wie vor die ersten Ansprechpartner der KMU. Aber mehr und mehr informieren sich im Internet. Wie zu erwarten war, nutzen allerdings KMU, die sich auf einer frühen Stufe der 'establishment chain' befinden, die vergleichsweise unspezifischen Angebote der *IHK* signifikant häufiger (t-Test, $p < 0,01$). Unternehmen, die bereits Auslandsniederlassungen gegründet haben oder mit ausländischen Geschäftspartnern kooperieren, informieren sich, wie in H6 postuliert, stärker handlungsorientiert: Sie senden ihre Mitarbeiter häufiger als andere zu Trainingsangeboten ($p < 0,01$) oder konsultieren externe Berater ($p < 0,01$).

Weiterhin ermittelten wir explorativ, welche Kontingenzbedingungen dazu führen, dass die Unternehmen die *Notwendigkeit* einer *gezielten Auslandsvorbereitung* erkennen. Die zweifaktorielle Varianzanalyse offenbart, dass es von der auf der 'establishment chain' erreichten Stufe abhängt, wie häufig Trainingsangebote zur Förderung interkultureller Kompetenz genutzt werden ($p < 0,01$). Hingegen ließ sich der Einfluss der wahrgenommenen Problemintensität nur tendenziell bestätigen ($p < 0,1$). Ein Interaktionseffekt konnte nicht

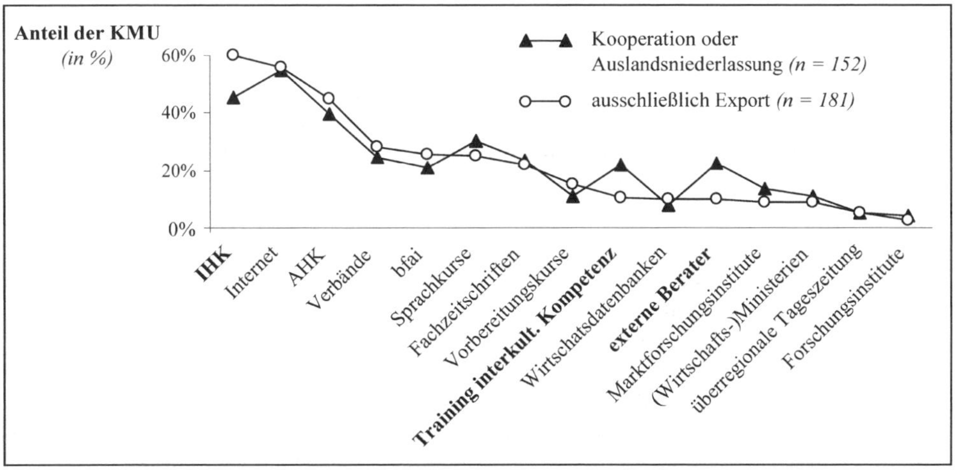

Abb. 5: Bislang genutzte Informationsquellen
Anmerkung: Mehrfachnennung möglich.

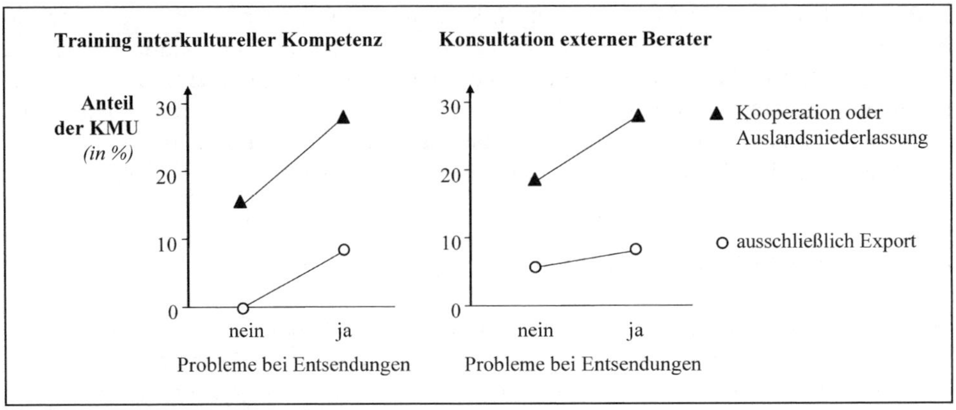

Abb. 6: Einflussfaktoren der Wahl handlungsorientierter Vorbereitungsmaßnahmen

nachgewiesen werden. Die Inanspruchnahme der Dienste externer Berater wird gleichfalls nur vom Haupteffekt „Markteintrittsstrategie" geprägt ($p < 0{,}01$). Wie Abb. 6 zeigt, besteht aber auch hier die Tendenz, dass externe Berater dann engagiert werden, wenn bei Auslandseinsätzen bereits einmal Probleme aufgetreten sind.

Weiterhin ermittelten wir den *Informationsbedarf* der KMU. Aus Abb. 4 wurde bereits deutlich, dass KMU interkulturelle Probleme stärker mit dem Arbeitsleben (bspw. Arbeitsstil, Verhandlungen) verbinden als mit der sozialen Integration der Mitarbeiter im Zielland. Dementsprechend gaben die Unternehmen auch an, dass sie insb. Hinweise zu kulturellen Besonderheiten der Arbeitswelt sowie zur interkulturellen Kommunikation suchen. Dies wird erkennbar an dem in Tab. 4 dargestellten mittleren Rang, der sich als arithmetisches Mittel des von allen befragten KMU vergebenen Rangs berechnet. Das Minimum dieses Werts liegt bei 1, das Maximum bei 8. Besondere Beachtung verdient die Rubrik *„Fakten & Hintergründe"*. Zwar wird sie im Durchschnitt als eher unwichtig eingestuft (= hoher mittlerer Rang); aber vergleichsweise viele Unternehmen (13,9%) haben diese Rubrik auf den ersten Rang gesetzt. Daraus folgt, dass manchen Befragten wenig, anderen jedoch sehr viel an diesen Informationen gelegen ist. Tiefergreifende Analysen offenbaren, dass sich insb. KMU, die noch nicht im Ausland tätig sind, für Fakten & Hintergründe interessieren ($r = 0{,}13$; $p < 0{,}01$). Umgekehrt verlieren für Unternehmen, die sich bereits im Ausland engagieren, derartige allgemeine Informationen an Bedeutung. Sie suchen Antworten auf speziellere Fragen, vor allem zu Arbeitswelt, Kommunikation und kulturellen Besonderheiten.

Der *Informationsbedarf* der KMU steht in keinem Zusammenhang mit den *Zielregionen*. Überall rangiert die Rubrik „Arbeitswelt" auf dem ersten und „Kommunikation" auf dem zweiten Platz, so dass H7 abgelehnt werden muss. Weitergehende, explorative Analysen konnten keine Kontextfaktoren (wie Unternehmensgröße oder Erfahrungen mit Problemen im Ausland) aufzeigen, die den Zusammenhang zwischen der Zielregion und dem Informationsbedarf moderieren. Hingegen findet H8, wonach ein Zusammenhang zwischen dem Bedarf an Informationen über kulturelle Besonderheiten und der auf der 'establishment chain' erreichten Stufe besteht, empirische Unterstützung (Spearman-Rang-Korrelation: r = 0,36; p < 0,001). Zudem zeigen explorative Analysen, dass die am Umsatz gemessene Unternehmensgröße positiv mit diesem Interesse korreliert (r = 0,21; p < 0,001). Auch suchen KMU verstärkt nach Informationen zur Landeskultur, wenn sie bereits im Ausland mit kulturellen Missverständnissen konfrontiert waren (r = 0,12; p < 0,05) oder schlechte Erfahrungen bei der Integration mitgereister Ehegatten gesammelt haben (r = 0,11; p < 0,05). Dies trifft insb. auf Unternehmen zu, die sich in Nordamerika (r = 0,16; p < 0,01) oder Asien (r = 0,13; p < 0,01) engagieren. Zusammenfassend lassen sich diese Befunde folgendermaßen interpretieren: Große Unternehmen, die Direktinvestitionen bzw. Joint Ventures mit lokalen Partnern unterhalten, sammeln unmittelbare Erfahrungen im Umgang mit Angehörigen anderer Kulturen, was problematische Interaktionen einschließt. Als Folge davon sind sie mehr als andere an kulturellen Fragestellungen interessiert.

Abschließend haben wir ermittelt, welches *Informationsangebot* KMU zur Vorbereitung eines Auslandseinsatzes präferieren. Um das Problem der Anspruchsinflation aus-

Tab. 4: Durch Auslandsentsendung ausgelöster Informationsbedarf

Rubrik	mittlerer Rang	Häufigkeit des 1. Rangs	**Wichtigste Unterrubriken**	mittlerer Rang
1. Arbeitswelt	2,8	25,5%	Verhandlungstechniken	3,1
			Vertragsgestaltung	3,4
			Projektmanagement	4,3
2. Kommunikation	3,0	27,0%	Blickkontakt	3,8
			Small Talk und Konversation	4,0
			Mimik und Gestik	4,4
3. Kulturelle Besonderheiten	4,0	10,9%	Normen, Werte, Tabus	2,3
			Höflichkeitsrituale	3,3
			Geschlechtsspezifische Verhaltensweisen	3,9
4. Geschäftsusancen	4,3	10,1%	Begrüßung und formelle Anrede	2,2
			Entscheidungsprozesse	3,6
			Beziehungspflege und Visitenkarten	3,9
5. Zeitmanagement	4,4	5,3%	Verbindlichkeit von Zusagen	1,5
			Zahlungsmoral	3,0
			Pünktlichkeit	3,5
6. Fakten & Hintergründe	4,8	13,9%	Wirtschaftsordnung	2,5
			Sicherheitslage	2,9
			Politisches System	3,1
7. Praktische Tipps	5,8	3,3%	Krankenversicherung	2,7
			Behördengänge	3,0
			Gesundheitsversorgung	3,1
8. Land & Leute	6,7	0,8%	Sitten und Gebräuche	1,5
			Umgangsformen	1,5
			Religiöse Gebräuche	3,0

Anmerkung: Der *mittlere Rang* ist jeweils das arithmetische Mittel des Rangeinstufung verschiedener KMU (höchster Rang = 1; niedrigster Rang = 8). Unterrubriken wurden nur aus den Antworten jener Unternehmen ermittelt, welche der Hauptrubrik den ersten Rang zugeteilt haben. Aus Platzgründen sind nur die drei wichtigsten Unterrubriken dargestellt. Eine vollständige Liste aller Unterrubriken kann bei den Autoren per E-Mail angefordert werden.

zuschalten, wurde dabei nur nach der ersten Präferenz gefragt. Etwas mehr als ein Drittel der Probanden (34,8%) sucht vor allem nach kurzen, schriftlichen Tipps. Ein weiteres Drittel (33,8%) möchte sich am liebsten in persönlichen Gesprächen mit auslandserfahrenen Expatriates anderer KMU informieren. Dass 'information overflow' gemieden und knappe, zielgerichtete, auf Erfahrungen basierende Hinweise gesucht werden, zeigt das Abschneiden der Informationskategorien „ausführliche Länderberichte" (8,8%) und umfassende, schriftliche „Erfahrungsberichte anderer Expatriates" (8,1%). Noch weniger Anklang finden zeit- bzw. kostenintensive Angebote (Literaturempfehlungen: 3,8%; Interkulturelles Coaching: 3,3%; Sprach- und Vorbereitungskurse: 1,8%). Entgegen der in H9 formulierten Annahme unterscheiden sich Unternehmen, die auf verschiedenen Stufen der 'establishment chain' agieren, diesbezüglich nicht. Die Bereitschaft, sich aufwändig zu informieren und/oder zeit- bzw. kostenintensive Vorbereitungen zu treffen, steigt nicht mit dem Grad der Auslandserfahrung.

E. Diskussion und Implikationen

Zusammenfassend bestätigt auch diese Studie, dass KMU künftige *Zielregionen* gemäß der von der *Uppsala-Schule* formulierten 'psychic distance chain' auswählen (d. h. gemäß der psychischen Distanz). Schwierigkeiten treten bei Auslandseinsätzen nach Auskunft der Befragten vor allem im Arbeitsleben auf. Die soziale Integration der Mitarbeiter wird hingegen als weniger problematisch wahrgenommen. KMU, die mit ausländischen Partnern kooperieren oder Direktinvestitionen tätigen, sind davon stärker betroffen als KMU, die ausschließlich exportieren.

Bislang nutzen die meisten KMU die Angebote der *IHK* und *AHK* zur Vorbereitung von Auslandseinsätzen. Anders als noch Ende des vergangenen Jahrtausends spielt aber das Internet eine gleichrangige Rolle. Externe Berater und Trainingsmaßnahmen zur Steigerung der interkulturellen Kompetenz werden wenn, dann von KMU nachgefragt, die bereits Auslandserfahrungen gesammelt haben. Offensichtlich sorgt erst zunehmende Auslandserfahrung dafür, dass die Notwendigkeit einer spezifischen Vorbereitung auf Auslandseinsätze erkannt wird. Die wichtigsten *Informationen*, die sich KMU wünschen, beziehen sich auf den im Zielland üblichen Arbeits- und Kommunikationsstil. Auch kulturelle Besonderheiten sind ein bedeutsames Thema. Allerdings entwickeln KMU erst dann ein Bewusstsein für die Brisanz kultureller Missverständnisse, wenn sie bereits im Ausland aktiv waren und erste Konflikte erleben mussten.

Unsere Untersuchung legt nahe, dass *Internetplattformen* neben den traditionellen Akteuren des Außenhandelsinformationssystems einen wichtigen Beitrag zur Vorbereitung auf Auslandseinsätze leisten können. Mehr als andere Medien sind sie geeignet, die gewünschten „Informationen" (d. h. Wissen und Erfahrungen) zur Internationalisierung und zum Umgang mit fremden Kulturen zielgruppen- und situationsgerecht zu vermitteln. Abb. 7 gibt einen Überblick über die wichtigsten Implikationen, die aus unserer Untersuchung für die Gestaltung entsprechender Informationsportale abgeleitet werden können.

Konkrete Nutzanwendung finden die genannten Implikationen im eingangs erwähnten Informationsportal *iXpatriate.* Dieses zielt darauf ab, den größenbedingten Nachteil von

		Kontingenzvariable		Implikation für die Portalgestaltung
Wahl des Ziellandes	H1	Kulturelle und geographische Nähe	☑	▪ Kulturell ähnliche Ländercluster als Organisationsprinzip des Portals ▪ Kogut/Singh-Index als Instrument zur Auswahl von Zielländern
	H2	Management-Moden und Trends	☑	▪ Spezielle Features und Diskussionsforen zu den wichtigsten Zielregionen (bspw. Zukunftsmarkt China: Mythos und Wirklichkeit)
Bei Auslandsentsendungen aufgetretene Probleme	H3	Art der Probleme (beruflich vs. sozial)	☑	▪ Fokus auf kulturelle Besonderheiten der Arbeitswelt
	H4	Zielregion	☑	▪ Auf Ländercluster bezogene Schwerpunktthemen und Diskussionsforen zu bedeutsamen Problemen (bspw. Verhandlungsführung in Russland, Partner-Programm in Asien)
	H5	Auf der ‚establishment chain' erreichte Stufe	☑	▪ Zielgruppenspezifische Gestaltung des Portals: Hervorhebung bestimmter Problembereiche in Abhängigkeit vom Internationalisierungsgrad ▪ Förderung der Netzwerkbildung zwischen KMU mit vergleichbarem Internationalisierungsgrad
Präferierte Informationsdienstleister	H6	Auf der ‚establishment chain' erreichte Stufe	☑	▪ Internet als Medium der Wissensvermittlung akzeptiert ▪ Für erfahrene KMU: Umfassende Trainer- und Beraterdatenbank ▪ Für unerfahrene KMU: Proaktive Erläuterung der Notwendigkeit professioneller Vorbereitungsmaßnahmen
Gesuchte Inhalte	H7	Zielregion	☒	▪ Zielregionspezifische Gewichtung der Themen nicht erforderlich ▪ Vorrangstellung der Rubriken Arbeitswelt und Kommunikation
	H8	Auf der ‚establishment chain' erreichte Stufe	☑	▪ Für unerfahrene KMU: allgemeine Länderinformationen + proaktiver Verweis auf tiefergreifende Vorbereitungsmaßnahmen ▪ Für erfahrene KMU: Umfassende Datenbank mit Experten, Erfahrungsberichten und Trainingsanbietern
Gewünschte Form der Informationsvermittlung	H9	Auf der ‚establishment chain' erreichte Stufe	☒	▪ Kompaktheit der Wissensvermittlung hat absoluten Vorrang (auch für auslandserfahrene KMU) ▪ Vermittlung persönlicher Kontakte (insb. Mentoren)
Legende: ☑ Hypothese bestätigt, ☒ Hypothese verworfen				

Abb. 7: Hypothesen und Implikationen für die Gestaltung von iXpatriate im Überblick

KMU bei der Internationalisierung durch externes Wissensmanagement zu überwinden und KMU bei dem dazu erforderlichen Prozess der Netzwerkbildung zu unterstützen. Erfahrungswissen, das verschiedene KMU im Ausland gesammelt haben, soll hierzu informationsökonomisch aufbereitet und anderen Unternehmen nachfragegerecht bereitgestellt werden. Dabei gilt, dass insb. das durch Erfahrung gewonnene implizite Wissen wertvoll für die Internationalisierung (Johanson/Vahlne, 1977) und die narrative der stark kodifizierten Wissensweitergabe überlegen ist (Schreyögg/Geiger, 2005).

Unter der Adresse www.ixpatriate.de können sich Mitarbeiter kleiner und mittlerer Unternehmen umfassend auf eine Entsendung vorbereiten. Zu den Funktionen und Features, welche sie dabei unterstützen, zählen u.a.:

- Branchen- und Länderspezifische Erfahrungsberichte und Tipps erfahrener Expatriates
- Vermittlung persönlicher Kontakte zu kompetenten Ratgeber und Mentoren
- Aufbau von Netzwerken
- Diskussionsforen
- Recherche von Trainingsanbietern (interkulturelle Trainingsangeboten, Sprachkurse etc.)
- Allgemeine Länderinformationen

Anhang 1: Fragebogen

A. Ist Ihr Unternehmen bereits in irgendeiner Form im Ausland tätig?
nein / ja → **Mit welcher Strategie?** (mehrere Nennungen möglich)

1. Export	3. Kooperation (z. B. Joint Venture)	5. Auslandsniederlassung
2. Lizenzvergabe	4. Franchising	6. Sonstiges: _____

B. Bitte nennen Sie Ihre wichtigsten Zielländer. Es kann sich dabei um Absatz-, Beschaffungsmärkte oder Produktionsstandorte handeln.
1. _______ / 2. _______ / 3. _______

C. In welchen Zielländern wird sich Ihr Unternehmen künftig verstärkt engagieren?
1. _______ / 2. _______ / 3. _______

D. Entsendet Ihr Unternehmen Mitarbeiter ins Ausland?
nein / ja → 1. Führungskräfte 2. Fachkräfte

E. Sind Sie bzw. Mitarbeiter Ihres Unternehmens im Verlauf eines Auslandseinsatzes schon einmal mit gravierenden Problemen konfrontiert worden?
(mehrere Nennungen möglich)
nein / ja → **Welche?**

1. Arbeitsqualität	7. Verhandlungen und Verträge
2. Kulturbedingte Missverständnisse	8. soziale Integration
3. Arbeitsstil, Leistungsorientierung	9. Zuverlässigkeit (Pünktlichkeit)
4. Konflikte	10. Belastung der Familie
5. Beziehungen und Vertrauen	11. Vorgesetzter-/Mitarbeiter-Beziehung
6. Vorurteile	

F. Nutzt Ihr Unternehmen das Wissen auslandserfahrener Mitarbeiter zur Vorbereitung anderer Mitarbeiter auf einen Auslandseinsatz?
nein / ja → 1. durch informelle Gespräche zwischen Mitarbeitern; 2. durch interne Dokumentation; 3. sonstige Maßnahmen

G. Bitte markieren Sie insgesamt drei Anbieter von Auslandsinformationen, von denen Sie sich am meisten Unterstützung bei der Vorbereitung einer Auslandsentsendung erwarten würden.

Öffentlich-rechtliche Anbieter:
1. Bundesagentur für Außenwirtschaft (bfai)
2. Außenhandelskammer (AHK)
3. Industrie- und Handelskammer (IHK)
4. (Wirtschafts-)Ministerien
5. Forschungsinstitute
6. Verbände

Beratungsangebote:
7. externe Berater
8. Marktforschungsinstitute

Trainingsangebote:
9. Sprachkurse
10. Vorbereitungskurse (Landeskunde)
11. Trainings der interkulturellen Kompetenz

Medien:
12. Fachzeitschriften
13. Wirtschaftsdatenbanken (Genios etc.)
14. überregionale Tageszeitungen
15. Internet

H. Welche Informationen sind zur Vorbereitung auf eine berufliche Auslandsentsendung aus Sicht Ihres Unternehmens besonders wichtig?

Bitte bringen Sie die folgenden Themenblöcke in eine Rangreihe. Weisen Sie bitte dem Themenblock, der Ihnen persönlich am wichtigsten erscheint, Platz 1 und dem Themenblock, der für Sie am wenigsten wichtig ist, Platz 8 zu.
1. Fakten & Hintergründe (Politik, Geographie etc.)
2. Land & Leute (Sehenswürdigkeiten, Bräuche etc.)
3. Praktische Tipps (Krankenversicherung etc.)
4. Kulturelle Besonderheiten (Normen, Tabus etc.)
5. Geschäftsusancen (Begrüßung, Geschenke etc.)
6. Arbeitswelt (Verhandlungstechniken etc.)
7. Zeitmanagement (Pünktlichkeit etc.)
8. Kommunikation (Gesprächsführung etc.)

I. Rangreihung der Unterrubriken (Nur die 1. Präferenz der Unterrubriken wurde im online-Fragebogen über Filterführung auf Basis der Antworten von Frage H. abgefragt)

Fakten & Hintergründe
1. Arbeitsmarkt
2. Arbeitsrecht
3. Bevölkerungsstruktur
4. Geschichte des Landes
5. Geographie und Klima
6. Politisches System
7. Sicherheitslage
8. Wirtschaftsordnung

Land & Leute
1. Feste und Feiertage
2. Freizeitbeschäftigungen
3. Gastfreundschaft
4. Kulinarisches
5. Religiöse Gebräuche
6. Sehenswürdigkeiten
7. Sitten und Gebräuche
8. Umgangsformen

Praktische Tipps
1. Behördengänge
2. Gesundheitsversorgung
3. Kinderbetreuung
4. Krankenversicherung
5. Lebenshaltungskosten
6. Schulsystem
7. Umzugsservice
8. Wohnungsmarkt

Kulturelle Besonderheiten
1. Bekleidungsvorschriften
2. Feiern, Essen, Trinken
3. Geschlechtsspezifische Verhaltensweisen
4. Höflichkeitsrituale und Geschenke
5. Literatur, Kunst und Musik
6. Normen, Werte und Tabus
7. Religion und Philosophie
8. Soziale Beziehungen und Verpflichtungen

Geschäftsusancen
1. Arbeits- und Ruhezeiten
2. Begrüßung und formelle Anreden
3. Beziehungspflege und Visitenkarten
4. Businesskleidung
5. Einladungen und Geschenke
6. Entscheidungsprozesse
7. Schriftverkehr und Telefongespräche
8. Tischetikette

Arbeitswelt
1. Arbeitsstile
2. Problemlösungsstile
3. Konfliktmanagement
4. Mitarbeiterführung
5. Projektmanagement
6. Teamarbeit/
7. Verhandlungstechniken
8. Vertragsgestaltung

Zeitmanagement
1. Arbeitstempo, Effizienz
2. Planung und Flexibilität
3. Pünktlichkeit
4. Sprechtempo
5. Verbindlichkeit
6. Zahlungsmoral/
7. Stress und Ungeduld
8. Verhandlungen

Kommunikation
1. Small Talk
2. Tabuthemen
3. Lob und Kritik
4. Kult. Besonderheiten
5. Distanz, Körperkontakt
6. Blickkontakt /
7. Mimik und Gestik
8. Emotionaler Ausdruck

J. Welche Angebote eines Informationsportals würden Sie bevorzugt zur Vorbereitung eines Auslandseinsatzes nutzen?

Weisen Sie bitte dem Angebot, das Ihnen persönlich am nützlichsten erscheint, Platz 1 und dem Angebot, das für Sie am wenigsten nützlich ist, Platz 7 zu.
1. Kurze schriftliche Tipps von Auslandserfahrenen
2. Ausführliche Erfahrungsberichte
3. Länderberichte nach dem Wikipedia-Prinzip
4. Literaturempfehlungen
5. Informationen über Anbieter von Sprach- und Vorbereitungskursen
6. Vermittlung interkulturellen Coachings
7. Persönliche Gespräche mit Auslandserfahrenen

Anhang 2

Häufigkeit der bedeutendsten Probleme in ausgewählten Zielländern

	Anzahl Entsen-dungen	Anteil der KMU, die folgende Probleme nannten *(in %)*						
		Zuver-lässigkeit	Verhand-lung und Verträge	Arbeits-stil	Arbeits-qualität	Miss-verständ-nisse	Beziehung und Vertrauen	Belastung der Familie
Westeuropa	133	34,6	26,3	30,1	23,3	29,3	13,5	12,0
▪ Frankreich	31	12,9	22,6	22,6	25,8	29,0	12,9	9,7
▪ Benelux	29	27,6	17,2	27,6	24,1	10,3	6,9	6,9
▪ Großbritannien	27	37,0	33,3	51,9	33,3	37,0	18,5	11,1
▪ Italien	22	45,5	36,4	27,3	18,2	22,7	9,1	18,2
▪ Skandinavien	19	26,3	31,6	26,3	21,1	31,6	10,5	5,3
▪ Spanien	14	42,9	42,9	42,9	42,9	50,0	14,3	14,3
Osteuropa	66	39,4	28,8	33,3	28,8	27,3	24,2	13,6
▪ Polen	22	50,0	36,4	40,9	31,8	31,8	31,8	13,6
▪ Tschechische Rep.	14	21,4	28,6	14,3	14,3	14,3	28,6	7,1
Russland	24	37,5	54,2	29,2	33,3	25,0	29,2	16,7
Arabischer Raum	27	55,6	18,5	37,0	44,4	18,5	14,8	33,3
Asien	78	35,9	37,2	32,1	30,8	30,8	20,5	24,4
▪ Volksrep. China	49	36,7	28,6	26,5	30,6	24,5	22,4	20,4
▪ Indien	11	27,3	27,3	45,5	45,5	27,3	27,3	27,3
Lateinamerika	12	33,3	16,7	16,7	25,0	16,7	25,0	8,3
Nordamerika	54	33,3	25,9	16,7	13,0	31,5	11,1	16,7

Anmerkung: Nur Länder, in die mehr als zehn der befragten KMU Mitarbeiter entsenden, sind dargestellt.

Anmerkungen

1 *iXpatriate* wurde mit dem *Xenos-Preis 2005* des *Bundesministeriums für Wirtschaft und Arbeit* und vom Arbeitgeberverband *Gesamtmetall* ausgezeichnet und wird vom *Bundesministerium für Arbeit und Soziales* sowie vom *Europäischen Sozialfonds* gefördert.

2 Verschiedene Autoren bemängeln den deterministischen Charakter des Uppsala-Modells. Voluntaristische Elemente, wie die Wahlmöglichkeit, die Unternehmen im Regelfall besitzen, würden zu Unrecht ausgeklammert. Zudem seien nicht alle Unternehmen denselben Einflüssen ausgesetzt und falls doch, reagiere nicht jedes Management in gleicher Weise darauf (bspw. Andersen, 1993). Johanson und Vahlne (1990, S. 14f.) selbst räumten im weiteren Verlauf der Diskussion ein, dass auch äußere Umstände den Verlauf der Internationalisierung beeinflussen (z. B. Stabilität der Marktbedingungen). Zudem sei der Geltungsbereich ihres Erklärungsansatzes auf die Anfangsphase der Internationalisierung beschränkt.

Literatur

Al-Laham, A. (2003): Organisationales Wissensmanagement. Eine Strategische Perspektive, München.

Allerton, H. E. (1997): Expatriate Gaps, in: Training & Development, 51, 7, 7–8.

Andersen, O. (1993): On the Internationalization Process of Firms: A Critical Analysis, in: Journal of International Business Studies, 24, 2, 209–231.

Bamberger, I. und Evers, M. (1997): Ursachen und Verläufe von Internationalisierungsentscheidungen mittelständischer Unternehmen, in: Macharzina, K. und Oesterle, M.-J. (Hrsg.): Handbuch Internationales Management, Grundlagen – Instrumente – Perspektiven, Wiesbaden, 103–137.

Barkema, H. G., Bell, J. H. J. und Pennings, J. M. (1996): Foreign Entry, Cultural Barriers, and Learning, in: Strategic Management Journal, 17, 151–166.

Bartlett, C. A. und Ghoshal, S. (1987): Managing across Borders: New Strategic Requirements, in: Sloan Management Review, 28, 4, 7–17.

von Behr, M. (2000): Neue Anforderungen an Unternehmensorganisation und Personalentwicklung, in: Lutz, B., Meil, P. und Wiener, B. (Hrsg.): Industrielle Fachkräfte für das 21. Jahrhundert, Frankfurt a.M., 161–193.

von Behr, M. und Semlinger, K. (Hrsg.) (2004): Internationalisierung kleiner und mittlerer Unternehmen: neue Entwicklungen bei Arbeitsorganisation und Wissensmanagement, Frankfurt a.M.

von Behr, M. (2001): Internationalisierungsstrategien kleiner und mittlerer Unternehmen, Arbeitspapier des Lehrstuhls Technik und Gesellschaft Nr. 9, Dortmund.

Bhaskar-Shrinivas, P., Harrison, D. A., Shaffer, M. A. und Luk, D. M. (2005): Input-Based and Time-Based Models of International Adjustment: Meta-Analytical Evidence and Theoretical Extensions, in: Academy of Management Journal, 48, 257–281.

Black, J. S., Mendenhall, M. und Oddou, G. (1991): Toward a Comprehensive Model of International Adjustment: An Integration of Multiple Theoretical Perspectives, in: Academy of Management Review, 16, 291–317.

Borrmann, A., Holthus, M., Menck, K. W. und Schnatz, B. (1996): Investitions-Chancen und Erfahrungen kleiner und mittlerer deutscher Unternehmen im asiatisch-pazifischen Raum, Bonn.

Bortz, J. (1999): Statistik für Sozialwissenschaftler, 5. Aufl., Berlin.

Brussig, M., Gerlach, L. und Wilkens, U. (2001): The Development of Globalisation Strategies in SME and the Role of Human Resource Management, Global Human Resource Management Conference: Comparative HRM – Learning from Diversity. Barcelona 19th-22nd of June 2001.

Cafferata, R. und Mensi, R. (1995): The Role of Information in the Internationalization of SMEs: A Typological Approach, in: International Small Business Journal, 11, 2, 35–46.

Chen, G. und Starosta, W. J. (1996): Intercultural Communication Competence: A Synthesis, in: Burleson, B. R. (Hrsg.): Communication Yearbook 19, 353–383.

Collier, M. J. (1988): A Comparision of Conversions among and between Domestic Culture Groups: How Intra- and Intercultural Competencies Vary, in: Communication Quarterly, 36, 2, 122–144.

Cui, G. und Lui, H. K. (2005): Order of Entry and Performance of Multinational Corporations in a Emerging Market: A Contingent Resource Perspective, in: Journal of International Marketing, 13, 4, 28–56.

Cureton, E. (1959): Note on Phi/Phimax, in: Psychometrika, 24, 89–91.

Fritz, W. und Möllenberg, A. (2003): Interkulturelle Kompetenz als Gegenstand internationaler Personalentwicklung, in: Bergemann, N. und Sourisseaux, A. L. J. (Hrsg.): Interkulturelles Management, 3. Aufl., Berlin, 295–307.

Graf, A. (2004): Screening and Training Inter-Cultural Competencies: Evaluating the Impact of National Culture on Inter-Cultural Competencies, in: International Journal of Human Resource Management, 15, 1124–1148.

Gudykunst, W. B., Wiseman, R. L. und Hammer, M. R. (1977): Determinants of a Sojourner's Attitudinal Satisfaction. A Path Model, in: Ruben, B. D. (Hrsg.): Communication Yearbook I, New Brunswick, NJ, 415–425.

Hammer, M. R. (1987): Behavioral Dimensions of Intercultural Effectiveness: A Replication and Extension, in: International Journal of Intercultural Relations, 11, 65–88.

Hauler, D. (2005): Internationalisierungsstrategien deutscher Unternehmen in Osteuropa: Eine empirische Untersuchung am Beispiel der Nahrungs- und Genussmittelindustrie, Chemnitz.

Holzmüller, H. H. und Berg, N. (2002): Handhabung der kulturellen Heterogenität zur Erzielung von Wettbewerbsvorteilen in internationalen Unternehmungen, in: Macharzina, K. und Oesterle, M.-J. (Hrsg.): Handbuch Internationales Management, 2. Aufl., Wiesbaden, 881–907.

Janssens, M. (1995): Intercultural Interaction: A Burden on International Managers? in: Journal of Occupational Behavior, 16, 155–167.

Johanson, J. und Vahlne, J. (1990): The Mechanism of Internationalism, in: International Marketing Review, 7, 4, 11–24.

Johanson, J. und Vahlne, J. (1977): The Internationalization Process of the Firm. A Model of Knowledge Development and Increasing Foreign Market Commitments, in: Journal of International Business Studies, 8, 25–34.

Johanson, J. und Wiedersheim-Paul, F. (1975): The Internationalization of the Firm. Four Swedish Cases, in: Journal of Management Studies, 12, 305–322.

Johnson, J. P., Lenartowicz, T. und Apud, S. (2006): Cross-Cultural Competence in International Business: Toward a Definition and a Model, in: Journal of International Business Studies, 37, 525–543.

Keller, A. (2001): Weiterbildungsbedarf von Führungskräften in kleinen und mittleren Unternehmen: Ergebnisse einer empirischen Erhebung mit Empfehlungen für die Weiterbildungsarbeit in der Zukunft, Eschborn.

Kleine, C. (2000): Mittelständische Firmenpools zur Markterschließung in Ostasien, Diss., St. Gallen, Frensdorf.

Köglmayr, H.-G. (1990): Die Auslandsorientierung von Managern als strategischer Erfolgsfaktor, Berlin.

Koller, H., Raithel, U. und Wagner, E. (1998): Internationalisierungsstrategien mittlerer Industrieunternehmen am Standort Deutschland: Ergebnisse einer empirischen Untersuchung, in: Zeitschrift für Betriebswirtschaft, 68, 175–203.

Kühlmann, T. M. (2000): Internationalisierung des Mittelstands als Herausforderung für die Personalauswahl und -entwicklung, in: Gutmann, J. und Kabst, R. (Hrsg.): Internationalisierung im Mittelstand. Chancen – Risiken – Erfolgsfaktoren, Wiesbaden, 357–372.

Kutschker, M. und Schmid, S. (2005): Internationales Management, 4. Aufl., München.

Lau, A. (2005): Going International: Erfolgsfaktoren im Auslandsgeschäft. Erfahrungen, Lösungen und Perspektiven, Berlin.

Morris, M. A. und Robie, C. (2001): A Meta-Analysis of the Effects of Cross-Cultural Training on Expatriate Performance and Adjustment, in: International Journal of Training & Development, 5, 112–125.

Mowery, D. C., Oxley, J. E. und Silverman, B. S. (1996): Strategic Alliances and Interfirm Knowledge Transfer, in: Strategic Management Journal, 17, 77–91.

Müller, S. und Gelbrich, K. (2004): Interkulturelles Marketing, München.

Müller, S. und Gelbrich, K. (2001): Interkulturelle Kompetenz als neuartige Anforderung an Entsandte: Status quo und Perspektiven der Forschung, in: Zeitschrift für betriebswirtschaftliche Forschung, 53, 246–272.

Nonaka, I. (1994): A Dynamic Theory of Organizational Knowledge Creation, in: Organization Science, 5, 14–37.

Oechsler, W. A. (2005): Human Resource Management in strategischen Allianzen, in: Zentes, J.; Swoboda, B.; Morschett, D. (Hrsg.): Kooperationen, Allianzen und Netzwerke: Gundlagen, Ansätze, Perspektiven, 2. Aufl., Wiesbaden, 1057–1076.

Ortmann, G.; Sydow, J. (2005): Grenzmanagement in Unternehmensnetzwerken: Theoretische Zugänge, in: Zentes, J.; Swoboda, B.; Morschett, D. (Hrsg.): Kooperationen, Allianzen und Netzwerke: Gundlagen, Ansätze, Perspektiven, 2. Aufl., Wiesbaden, 1007–1032.

Ronen, S. und Shenkar, O. (1985): Clustering Countries on Attitudinal Dimensions: A Review and Synthesis, in: Academy of Management Review, 10, 435–454.

Ruben, B. D. (1976): Assessing Communication Competency for Intercultural Adaptation, in: Group & Organization Studies, 1, 334–354.

Schreyögg, G. (2001): Wissen in Unternehmen: Konzepte, Maßnahmen, Methoden, Berlin.

Schreyögg, G. und Geiger, D. (2005): Zur Konvertierbarkeit von Wissen: Wege und Irrwege im Wissensmanagement, in: Zeitschrift für Betriebswirtschaft, 75, 433–454.

Selmer, J. (2001): Expatriate Selection: Back to Basics? in: International Journal of Human Resource Management, 12, 1219–1233.

Shaffer, M. A. und Harrison, D. A. (1998): Expatriates' Psychological Withdrawal from International Assignments: Work, Nonwork, and Familiy Influences, in: Personnel Psychology, 51, 87–118.

Shaffer, M. A., Harrison, D. A. und Gilley, K. M. (1999): Dimensions, Determinants, and Differences in the Expatriate Adjustment Process, in: Journal of International Business Studies, 30, 557–581.

Stahl, G. K. (2002): Internationaler Einsatz von Führungskräften: Probleme, Bewältigung, Erfolg, in: Krystek, U. und Zur, E. (Hrsg.): Handbuch Internationalisierung: Globalisierung – eine Herausforderung für die Unternehmensführung, 2. Aufl., Berlin, 277–302.

Stahr, G. und Backes, S. (1992): Informationsbeschaffung im In- und Ausland – Voraussetzung für Erfolg im Auslandsgeschäft, in: Kumar, B. N. und Haussmann, H. (Hrsg.): Handbuch der Internationalen Unternehmenstätigkeit, München, 385–401.

Thomas, A., Hagemann, K. und Stumpf, S. (2003): Training interkultureller Kompetenz, in: Bergemann, N. und Sourisseaux, A. L. J. (Hrsg.): Interkulturelles Management, 3. Aufl., Berlin, 237–272.

Tung, R. L. (1987): Expatriate Assignments: Enhancing Success and Minimizing Failure, in: Academy of Management Executive, 1, 117–125.

Welge, M. K. und Holtbrügge, D. (2000): Wissensmanagement in multinationalen Unternehmungen: Ergebnisse einer empirischen Untersuchung, in: Zeitschrift für betriebswirtschaftliche Forschung, 52, 762–777.

Wiseman, R. L. und Abe, H. (1986): Cognitive Complexity and Intercultural Effectiveness. Perception in American-Japanese Dyads, in: McLaughlin, M. L. (Hrsg.): Communication Yearbook, 611–622.

Externes Wissensmanagement zur Steigerung der Effizienz von Entsendungen von KMU

Zusammenfassung

Begrenzte personelle Ressourcen und mangelnde internationale Erfahrung hemmen die Internationalisierung von KMU. Der vorliegende Beitrag legt die wissenschaftliche Grundlage für ein externes Wissensmanagement, das KMU dabei unterstützen soll, interkulturelle Kompetenz aufzubauen, psychische Distanz zu Auslandsmärkten zu reduzieren und Auslandsentsendungen erfolgreich zu gestalten. Auf Basis der Auskünfte von 396 deutschen KMU werden Zielländer, bei Auslandsentsendungen aufgetretene Probleme, zukünftiger Informationsbedarf und präferiertes Informationsverhalten ermittelt, jeweils in Abhängigkeit von der praktizierten Markteintrittsstrategie und anderen Kontingenzvariablen der Internationalisierung. Daraus wird die Struktur des Informationsportals *iXpatriate* abgeleitet und dieses als Beispiel eines praktischen Handlungsansatzes vorgestellt.

Optimizing Foreign Deployments of SME by Interfirm Knowledge Management

Summary

Restricted human resources as well as a lack of international experience inhibit the internationalization of SME. This article discusses theoretically and empirically how interfirm knowledge management can support SME in developing cross-cultural competencies and reducing psychic distance to foreign markets. Based on the responses of 396 German SME, we investigate problems occurred during foreign deployments, information needed to prepare expatriates, and preferred sources of information. The analysis takes into account different market entry strategies as well as other contingency variables of the internationalization. Practical implications are derived and illustrated by the development of the internet portal *iXpatriate*.

Keywords: Interfirm knowledge management, foreign deployment, SME, cross-cultural competence, psychic distance

JEL: M12, M53

Grundsätze und Ziele

Die **Zeitschrift für Betriebswirtschaft (ZfB)** ist eine der ältesten deutschen Fachzeitschriften der Betriebswirtschaftslehre. Sie wurde im Jahre 1924 von Fritz Schmidt begründet und von Wilhelm Kalveram, Erich Gutenberg und Horst Albach fortgeführt. Sie wird heute von 14 Universitätsprofessoren, die als **Department Editors** fungieren, herausgegeben. Dem **Editorial Board** gehören namhafte Persönlichkeiten aus Universität und Wirtschaftspraxis an. Die Fachvertreter stammen aus den USA, Japan und Europa.

Die ZfB verfolgt das Ziel, die **Forschung auf dem Gebiet der Betriebswirtschaftslehre** anzuregen sowie zur Verbreitung und Anwendung ihrer Ergebnisse beizutragen. Sie betont die Einheit des Faches; enger und einseitiger Spezialisierung in der Betriebswirtschaftslehre will sie entgegenwirken. Die Zeitschrift dient dem **Gedankenaustausch zwischen Wissenschaft und Unternehmenspraxis**. Sie will die betriebswirtschaftliche Forschung auf wichtige betriebswirtschaftliche Probleme in der Praxis aufmerksam machen und sie durch Anregungen aus der Unternehmenspraxis befruchten.

In der ZfB können auch englischsprachige Aufsätze veröffentlicht werden. Die Herausgeber begrüßen die Einreichung englischsprachiger Beiträge von deutschen und internationalen Wissenschaftlern. Durch die Zusammenfassungen in englischer Sprache sind die deutschsprachigen Aufsätze der ZfB auch internationalen Referatenorganen zugänglich. Im Journal of Economic Literature werden die Aufsätze der ZfB zum Beispiel laufend referiert.

Die Qualität der Aufsätze in der ZfB wird durch die Herausgeber und einen Kreis renommierter Gutachter gewährleistet. Das **Begutachtungsverfahren** ist doppelt verdeckt und wahrt damit die Anonymität von Autoren wie Gutachtern gemäß den international üblichen Standards. Jeder Beitrag wird von zwei Fachgutachtern beurteilt. Bei abweichenden Gutachten wird ein Drittgutachter bestellt. Die Department Editors entscheiden auf der Grundlage der Gutachten eigenverantwortlich über die Annahme und Ablehnung der von ihnen betreuten Manuskripte. Sie können Beiträge auch ohne Begutachtungsverfahren ablehnen, wenn diese formal oder inhaltlich von den Vorgaben der ZfB abweichen.

Die ZfB veröffentlicht im Einklang mit diesen Grundsätzen und Zielen:

- **Aufsätze** zu theoretischen und praktischen Fragen der Betriebswirtschaftslehre einschließlich von Arbeiten junger Wissenschaftler, denen sie ein Forum für die Diskussion und die Verbreitung ihrer Forschungsergebnisse eröffnet,
- **Ergebnisse der Diskussion** aktueller betriebswirtschaftlicher Themen zwischen Wissenschaftlern und Praktikern,
- **Berichte** über den Einsatz wissenschaftlicher Instrumente und Konzepte bei der Lösung von betriebswirtschaftlichen Problemen in der Praxis,
- **Schilderungen von Problemen** aus der Praxis zur Anregung der betriebswirtschaftlichen Forschung,
- **„State of the Art"-Artikel**, in denen Entwicklung und Stand der Betriebswirtschaftslehre eines Teilgebietes dargelegt werden.

Die ZfB informiert ihre Leser über **Neuerscheinungen** in der Betriebswirtschafslehre und der Management Literatur durch ausführliche Rezensionen und Kurzbesprechungen und berichtet in ihrem **Nachrichtenteil** regelmäßig über betriebswirtschaftliche Tagungen, Seminare und Konferenzen sowie über persönliche Veränderungen vorwiegend an den Hochschulen. Darüber hinaus werden auch Nachrichten für Studenten und Wirtschaftspraktiker veröffentlicht, die Bezug zur Hochschule haben.

Verlag

Gabler Verlag/GWV Fachverlage GmbH,
Abraham-Lincoln-Straße 46, 65189 Wiesbaden,
http://www.gabler.de
http://www.zfb-online.de
Geschäftsführer: Dr. Ralf Birkelbach, Albrecht F. Schirmacher
Programmleitung Wissenschaft: Claudia Splittgerber
Gesamtleitung Produktion: Ingo Eichel
Gesamtleitung Vertrieb: Gabriel Göttlinger

Editor-in-Chief:
Professor Dr. Dr. h.c. Günter Fandel
FernUniversität in Hagen
Fakultät für Wirtschaftswissenschaft
58084 Hagen
E-Mail: ZfB@FernUni-Hagen.de

Anfragen an den Editor-in-Chief werden per E-Mail an die Adresse ZfB@Fernuni-Hagen.de erbeten. Von Anfragen, die durch die Nutzung der Online-Suche unter http://www.zfb-online.de oder die Einsicht in die Jahresinhaltsverzeichnisse beantwortet werden können, bitten wir abzusehen.

Redaktion: Susanne Kramer, Tel.: 06 11/78 78-2 34,
E-Mail: Susanne.Kramer@Gabler.de

Annelie Meisenheimer, Tel.: 06 11/78 78-2 32, Fax: 06 11/78 78-411,
E-Mail: Annelie.Meisenheimer@Gabler.de

Abonnentenbetreuung: Doris Schöne, Tel.: 0 52 41/80 19 68,
Fax: 0 52 41/80 96 20

Produktmanagement: Kristiane Alesch, Tel.: 06 11/78 78-3 59,
Fax: 06 11/78 78-4 39, E-Mail: Kristiane.Alesch@Gabler.de

Anzeigenleitung: Christian Kannenberg, Tel.: 06 11/78 78-3 69,
Fax: 06 11/78 78-4 30, E-Mail: Christian.Kannenberg@gwv-fachverlage.de

Anzeigendisposition: Monika Dannenberger,
Tel.: 06 11/78 78-1 48, Fax: 06 11/78 78-4 30,
E-Mail: Monika.Dannenberger@gwv-fachverlage.de

Es gilt die Anzeigenpreisliste vom 1. 1. 2006.

Produktion/Layout: Kerstin Gollarz

Bezugsmöglichkeiten: Die Zeitschrift erscheint monatlich. Kündigung des Abonnements spätestens sechs Wochen vor Ablauf des Bezugszeitraumes schriftlich mit Nennung der Kundennummer. Eine schriftliche Bestätigung erfolgt nicht. Jährlich können 1 bis 6 Ergänzungshefte hinzukommen. Jedes Ergänzungsheft wird den Jahresabonnenten mit einem Nachlaß von 25% des jeweiligen Ladenpreises gegen Rechnung geliefert. Kündigung des Abonnements spätestens sechs Wochen vor Ablauf des Bezugszeitraumes schriftlich mit Nennung der Kundennummer.

	Preise Inland:	**Preise Ausland:**
Einzelheft:	36,– Euro	42,– Euro
Studenten-*/Emeritus-Abo:	66,– Euro	84,– Euro
ausgewählte Verbände:**	159,– Euro	174,– Euro
Privat-Abo:	189,– Euro	210,– Euro
Lehrstuhl-Abo:	213,– Euro	237,– Euro
Bibliotheks-/Unternehmensabo:	369,– Euro	384,– Euro

* Studienbescheinigung
** auf Anfrage beim Verlag

Satzherstellung: Fotosatz-Service Köhler GmbH,
97084 Würzburg.
Druck und Verarbeitung: Wilhelm & Adam, 63150 Heusenstamm.

Gedruckt auf säurefreiem und chlorfrei gebleichtem Papier.

Printed in Germany ISSN: 0044-2372

Hinweise für Autoren

1. Bitte beachten Sie die „Grundsätze und Ziele“ der ZfB.

2. Die ZfB bietet ihren Autoren die Möglichkeit der Online-Einreichung ihrer Beiträge an. Manuskripte – in deutscher oder englischer Sprache – können vom Autor unter http://mc.manuscriptcentral.com/zfb direkt in das Manuskriptverwaltungssystem eingespeist werden. Hierbei ist insbesondere auf die Wahrung der Anonymität der zur Begutachtung eingereichten Vorlagen zu achten. Der Autor verpflichtet sich mit der Einsendung des Manuskripts unwiderruflich, das Manuskript bis zur Entscheidung über die Annahme nicht anderweitig zu veröffentlichen oder zur Veröffentlichung anzubieten. Diese Verpflichtung erlischt nicht durch Korrekturvorschläge im Begutachtungsverfahren.

3. Aufsätze, die im wesentlichen Ergebnisse von Dissertationen wiedergeben, werden nicht veröffentlicht. Um die Ergebnisse von Dissertationen breiter bekannt zu machen, hat die ZfB eine Rubrik „Dissertationen“ im Besprechungsteil eingeführt. Hier werden vorzugsweise Erstgutachten von Dissertationen – in entsprechend gekürzter Form – abgedruckt.

4. Alle eingereichten Manuskripte werden, wie international üblich, einem doppelt verdeckten Begutachtungsverfahren unterzogen, d.h. Autoren und Gutachter erfahren ihre Identität gegenseitig nicht. Die Gutachten werden den Autoren und den Gutachtern gegenseitig in anonymisierter Form zur Kenntnis gebracht. Jeder Beitrag wird von zwei Fachgutachtern beurteilt. Bei abweichenden Gutachten wird ein dritter Gutachter bestellt. Durch dieses Verfahren soll die fachliche Qualität der Beiträge gesichert werden. Die Department Editors entscheiden auf der Grundlage der Gutachten eigenverantwortlich über die Annahme und Ablehnung der von ihnen betreuten Manuskripte. Auch haben sie das Recht, einen Beitrag direkt abzulehnen, wenn er aus formalen und/oder inhaltlichen Gründen von den Vorgaben der Zeitschrift abweicht.

5. Die Manuskripte sind in Times New Roman, 12 Punkt, 1½zeilig mit 2,5 cm Rand zu schreiben. Sie sollten nicht länger als 25 Schreibmaschinenseiten sein. Der Titel des Beitrages und der/die Verfasser mit vollem Titel und ausgeschriebenen Vornamen sowie beruflicher Stellung sind auf der ersten Manuskriptseite aufzuführen. Dem Beitrag ist ein „Überblick“ von höchstens 15 Zeilen voranzustellen, in dem das Problem, die angewandte Methodik, das Hauptergebnis in seiner Bedeutung für Wissenschaft und/oder Praxis dargestellt werden. Die Aufsätze sind einheitlich nach dem Schema A., I., 1., a) zu gliedern. Endnoten (Times New Roman, 12 pt) sind im Text fortlaufend zu numerieren und am Schluß des Aufsatzes unter „Anmerkungen“ zusammenzustellen. Anmerkungen und Literatur sollen getrennt aufgeführt werden. Im Text und in den Anmerkungen soll auf das Literaturverzeichnis nach dem Schema: (Gutenberg, 1982, S. 352) verwiesen werden. Jedem Aufsatz muß eine „Summary“ in englischer Sprache von nicht mehr als 15 Zeilen Länge und eine deutsche Zusammenfassung gleicher Länge angefügt werden. Über Abbildungen und Tabellen ist eine Legende vorzusehen (z.B.: Abb. 1: Kostenfunktion, bzw. Tab. 2: Rentabilitätsentwicklung). Abbildungen und Tabellen sind an der betreffenden Stelle des Manuskripts in Kopie einzufügen und im Original (reproduzierfähig) dem Manuskript beizulegen. Mathematische Formeln sind fortlaufend zu numerieren: (1), (2) usw. Sie sind so einfach wie möglich zu halten. Griechische- und Fraktur-Buchstaben sind möglichst zu vermeiden, ungewöhnliche mathematische und sonstige Zeichen für den Setzer zu erläutern. Auf mathematische Ableitungen soll im Text verzichtet werden; sie sind aber für die Begutachtung beizufügen.
Mit dem Manuskript liefert der Autor ein reproduzierfähiges Brustbild (Passphoto) von sich sowie eine kurze Information (max. 7 Zeilen) zu seiner Person und seinen Arbeitsgebieten.

6. Der Autor verpflichtet sich, die Korrekturfahnen innerhalb einer Woche zu lesen und die Mehrkosten für Korrekturen, die nicht vom Verlag zu vertreten sind, sowie die Kosten für die Korrektur durch einen Korrektor bei nicht termingerechter Rücksendung der Fahnenkorrektur zu übernehmen.

7. Der Autor ist damit einverstanden, daß sein Beitrag außer in der Zeitschrift auch durch Lizenzvergabe in anderen Zeitschriften (auch übersetzt), durch Nachdruck in Sammelbänden (z.B. zu Jubiläen der Zeitschrift oder des Verlages oder in Themenbänden), durch längere Auszüge in Büchern des Verlages auch zu Werbezwecken, durch Vervielfältigung und Verbreitung auf CD-ROM oder anderen Datenträgern, durch Speicherung auf Datenbanken, deren Weitergabe und dem Abruf von solchen Datenbanken während der Dauer des Urheberrechtsschutzes an dem Beitrag im In- und Ausland vom Verlag und seinen Lizenznehmern genutzt wird.

WWW.GABLER.DE

Consulting Know-how zum Nachschlagen

Reineke, Rolf-Dieter | Bock, Friedrich (Hrsg.)

Gabler Lexikon Unternehmensberatung

2007. XVI, 503 S. Br.

EUR 49,90 ISBN 978-3-409-12008-1

Das Lexikon bietet umfassende Informationen zum Themengebiet Unternehmensberatung. Es informiert über die Grundlagen der Beratungsbranche und definiert die Aufgaben und Funktionen der Beratungsfirmen. Schwerpunkte sind die Darstellung des Beratungsprozesses sowie die Besonderheiten der Beratung in den verschiedenen Industrie- und Dienstleistungsbranchen und Funktionsbereichen. Rechtliche Aspekte der Unternehmensberatung runden das Thema ab.

Die Autoren

Professor Dr. Rolf-Dieter Reineke (Hrsg.)*ist Professor im berufsbegleitenden MBA-Weiterbildungsstudiengang „Internationale Unternehmensberatung" und Direktor des Institute for International Management Consulting (I-IMC), Fachhochschule Ludwigshafen. Er war Mitarbeiter großer Beratungsunternehmen und hat in über 20 Ländern in West- und Osteuropa, Nordamerika, Südostasien sowie Afrika Beratungsprojekte durchgeführt.*

Friedrich Bock (Hrsg), *ehemaliger Geschäftsführer der Detecon GmbH, Vizepräsident marchFIRST und Geschäftsleitung Arthur D. Little int., war in Leitungs- und Aufsichtsratsfunktion international agierender Unternehmen tätig. Er ist assoziiertes Mitglied des MBA Weiterbildungsstudienganges der FH Ludwigshafen sowie Dozent und Berater.*

Die Beitragsautoren sind erfahrene Experten der Branche und kommen aus der Beratungspraxis und -lehre.

Einfach bestellen: kerstin.kuchta@gwv-fachverlage.de Telefon +49(0)611. 7878-626

KOMPETENZ IN SACHEN WIRTSCHAFT

GABLER